レポートを書くときに迷わず使えて役に立つ

よくわかる統計学

第3版

石村友二郎・廣田直子 著
石村貞夫 監修

介護福祉・栄養管理データ編

東京図書

まえがき

介護福祉・栄養管理にたずさわる人たちにとって

その成果を会議や報告書で発表する

ということは，日々の業務におとらず大切な仕事です．

このとき注意しなければならないことは，

自分の仕事をいかに客観的に評価し，表現すればいいの？

という点です．

自分の仕事を客観的に評価するということは，意外と大変なことです．

自信に満ちあふれている人は，自分の仕事は良く見えるでしょう．

逆に，内気な人は，自分の仕事は見劣りすると思い込むかもしれません．

でも，そんなとき

自分の仕事を客観的に評価できる方法があったら？

そして，

自分の仕事を論理的に表現できる言語があったら？

とてもうれしいと思いませんか！

このようなとき，自分の仕事を数値で評価するための言語

それが，

統計学

です．

この本の特徴は

クリックひとつで，統計学を楽しく学ぶ！

という点にあります．

いろいろな統計学のテクニックを使って，あなたも

自分の主張を世界に発信！

してみませんか．

最後に，お世話になった東京図書の故須藤静雄編集部長，宇佐美敦子さん
河原典子さんに深く感謝の意を表します．

この本の Excel 関数や分析ツールによる計算は
市川学園の中川龍士郎君の協力を得ました．

令和 2 年 5 月 15 日

❖本書は Excel 2019/365 に対応しています．
なお，本書で使用しているデータは，統計学をわかりやすく勉強できるように，
実際のデータを加工しています．
「ここで，理解度をチェック！」の解答やデータのダウンロードは，
東京図書のホームページ（http://www.tokyo-tosho.co.jp/）へ．

もくじ

第1章 データを集めましょう

第2章 度数分布表によるデータのまとめ方

第3章 平均値と標準偏差によるデータのまとめ方

第4章 グラフ表現によるデータのまとめ方

第5章 散布図と相関係数によるデータのまとめ方

第6章 回帰直線によるデータのまとめ方

第7章 クロス集計表によるデータのまとめ方 (1)

第8章 確率分布とその数表の作り方

第9章 区間推定によるデータのまとめ方

第10章 仮説の検定によるデータのまとめ方 (1)

第11章 仮説の検定によるデータのまとめ方 (2)

第12章 クロス集計表によるデータのまとめ方（2）

第13章 重回帰分析によるデータのまとめ方

第14章 時系列データのまとめ方と明日の予測

第15章 理解度チェックで実力アップ!!

◆装幀　高橋　敦（LONGSCALE）
◆イラスト　石村多賀子，小島輝美

データの型を見つけましょう

統計に関する質問の中で多いのが

- 「私のデータの場合，**どの統計処理**を使えばいいのでしょうか？」
- 「数多くの統計処理の中から，自分に**必要な統計処理**を選ぶ方法は？」
- 「**統計処理の選び方**がすぐわかる本はありませんか？」

といった内容です．

データの型は大きく分けて，

データの型・パターン1　から　**データの型・パターン17**　まで

の17パターンに分類することができます．

そこで，あなたのデータとこれから紹介する17のパターンを見比べてください．

あなたのデータに似たパターンがみつかれば，それに対応する

［主な統計処理］

をおこなってみましょう．

――たぶん，あなたのデータ分析がうまく進むと思います――

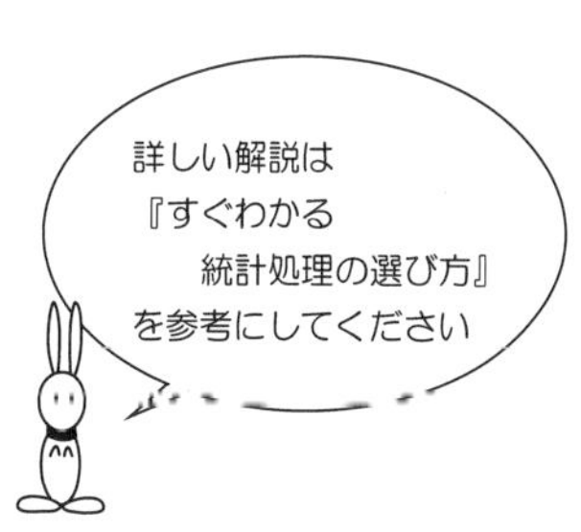

データの型・パターン1

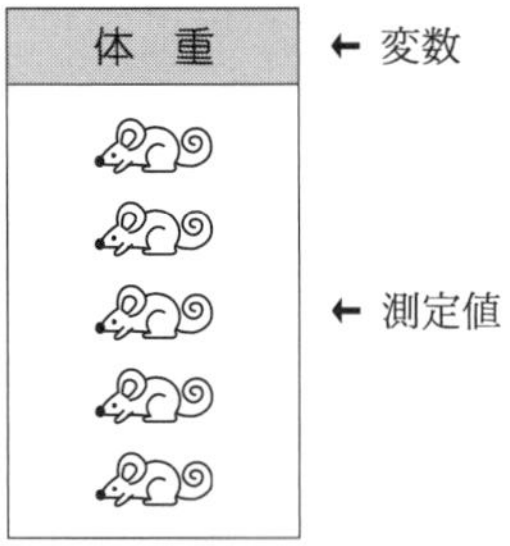

体　重
(測定値)

← 変数

← 測定値

［主な統計処理］

- 度数分布表
- ヒストグラム
- 母平均の区間推定
- 母平均の検定

データの型・パターン2

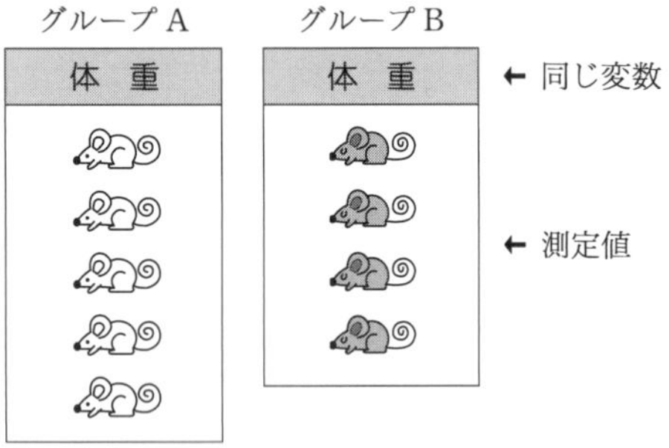

グループA　グループB

体　重	体　重

← 同じ変数

← 測定値

［主な統計処理］

- 2つの母平均の差の検定
- ウィルコクスンの順位和検定

データの型・パターン3

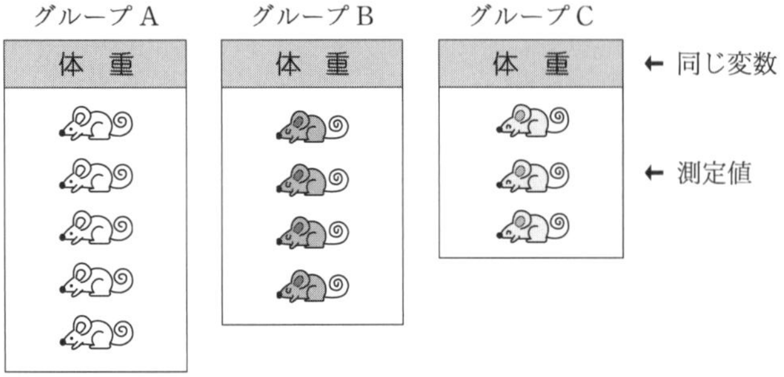

グループA　グループB　グループC

体　重	体　重	体　重

← 同じ変数

← 測定値

［主な統計処理］

- 1元配置の分散分析
- 多重比較
- クラスカル・ウォリスの検定

データの型・パターン4

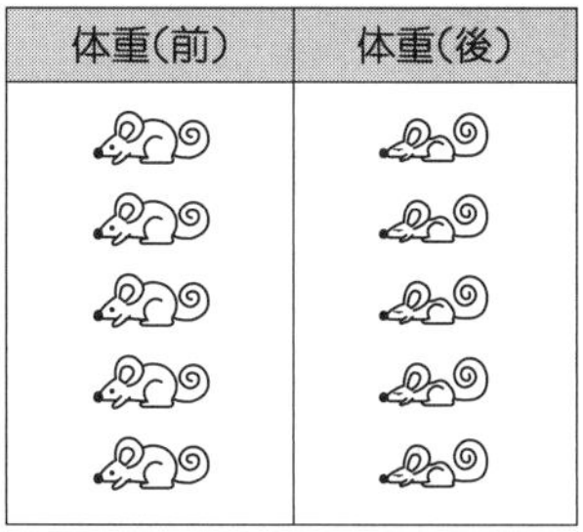

体重(前)	体重(後)

← 同じ変数

← 測定値

[主な統計処理]

- 対応のある2つの母平均の差の検定
- ウィルコクスンの符号付順位検定
- 符号検定

データの型・パターン5

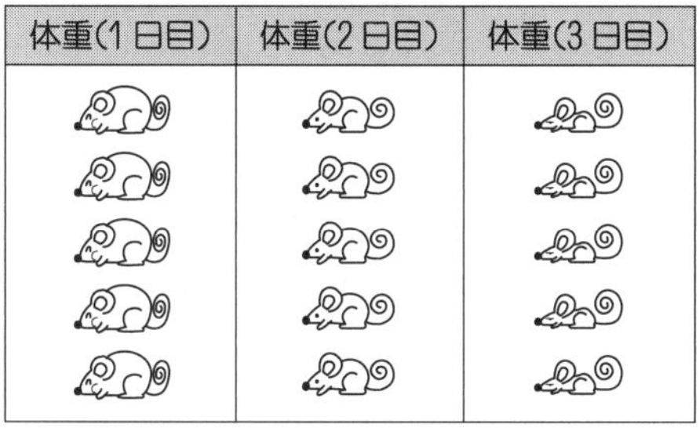

体重(1日目)	体重(2日目)	体重(3日目)

← 同じ変数

← 測定値

[主な統計処理]

- 折れ線グラフによる表現
- 反復測定による1元配置の分散分析

データの型・パターン6

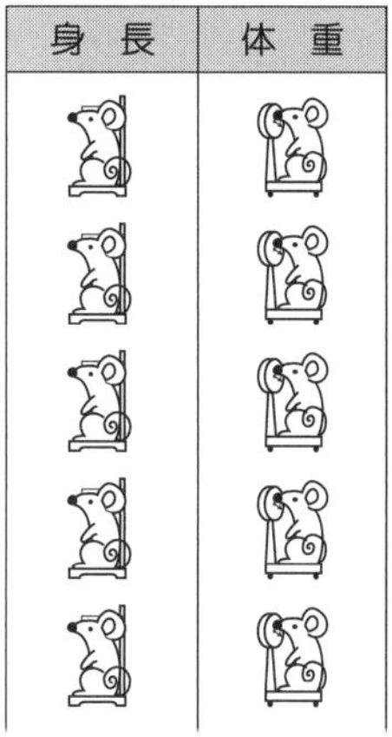

身　長	体　重

← 異なる変数

← 測定量

[主な統計処理]

- 散布図
- 相関係数
- 回帰分析
- 主成分分析
- 因子分析
- コレスポンデンス分析

データの型・パターン7

バスト	ウエスト	ヒップ

← 異なる変数

← 測定値

［主な統計処理］

- 重回帰分析
- 主成分分析
- 因子分析
- クラスター分析
- カテゴリカルデータ分析

データの型・パターン8

グループA

身　長	体　重

グループB

身　長	体　重

← 異なる変数

← 測定値

［主な統計処理］

- 判別分析
- 共分散分析
- ロジスティック回帰分析

右ページの
《パターン 11》は
都会と田舎の
花粉症患者さんを
比較しています

データの型・パターン9

グループA

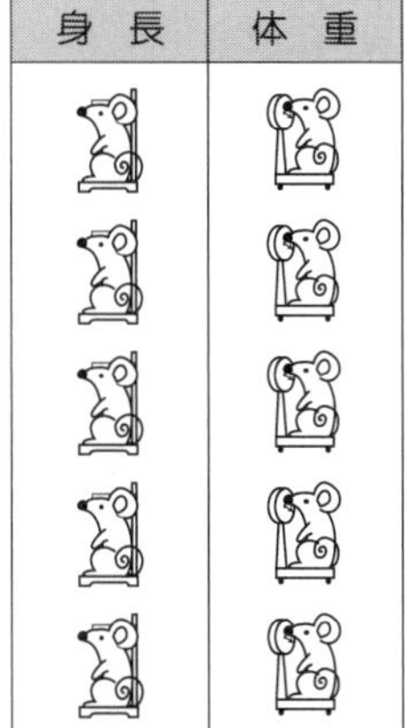

グループB

グループC

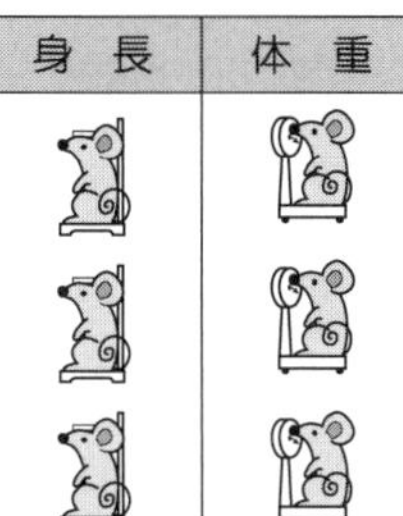

← 異なる変数

← 測定値

[主な統計処理]

- 判別分析
- 共分散分析
- ロジスティック回帰分析

データの型・パターン10

← カテゴリ

← 個数

[主な統計処理]

- 母比率の区間推定
- 母比率の検定

データの型・パターン11

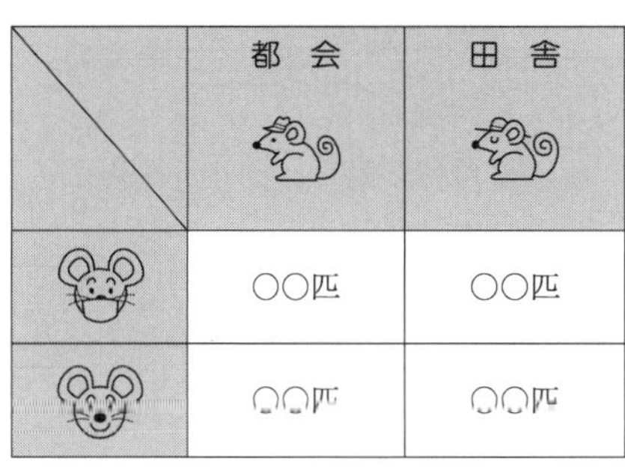

← カテゴリ

← 個数

[主な統計処理]

- クロス集計表
- 2つの母比率の差の検定
- 独立性の検定
- コレスポンデンス分析
- 対数線型分析
- フィッシャーの直接法

データの型・パターン12

			← カテゴリ
○○匹	○○匹	○○匹	← 個数

［主な統計処理］
- 適合度検定

データの型・パターン13

				← カテゴリ
	○○匹	○○匹	○○匹	← 個数
	○○匹	○○匹	○○匹	

［主な統計処理］
- クロス集計表
- 同等性の検定
- 独立性の検定
- 多重応答分析

データの型・パターン14

患者＼時間	1日目	2日目	3日目	← 属性・因子・要因
	○○匹	○○匹	○○匹	
	○○匹	○○匹	○○匹	← 個数・測定値
	○○匹	○○匹	○○匹	

［主な統計処理］
- クロス集計表
- 同等性の検定
- くり返しのない2元配置の分散分析
- 反復測定による1元配置の分散分析
- 多重応答分析

データの型・パターン 15

食事＼運動	B_1	B_2	B_3
A_1			
A_2			
A_3			

← 因子・要因

← 測定値

［主な統計処理］

●くり返しのある2元配置の分散分析と多重比較

データの型・パターン16

時　間	体　温	心拍数	血　圧
1日目			
2日目			
3日目			
4日目			
5日目			

[主な統計処理]

- 移動平均
- 指数平滑化
- 自己相関係数
- 交差相関係数
- 自己回帰モデル
- ARMA モデル
- ARIMA モデル
- 時系列データの回帰分析
- カプラン・マイヤー法
- コックス回帰分析
- パネル分析

データの型・パターン17

調査対象者	項目1	項目2	項目3

← 質問項目

← 回答

［主な統計処理］

- 相関分析
- 相関係数の検定
- 相関係数の差の検定
- クロス集計表
- 独立性の検定
- 比率の区間推定
- 比率の差の検定
- 主成分分析
- 因子分析
- コレスポンデンス分析
- 多重応答分析
- コンジョイント分析

アンケート調査を
したときは
これらの分析手法を
考えましょう

よくわかる統計学

介護福祉・栄養管理データ編

第3版

第1章 データを集めましょう

1.1 データの種類

介護福祉士と管理栄養士の2人は悩んでいます.

データは大きく分けて

- 名義データ
- 順序データ
- 数値データ

の3種類に分類されます.

データの種類によって，統計処理が変わることがあるので
データの分類はとても大切です.

ところで，“尺度”という用語を使って

- 名義尺度
- 順序尺度
- 間隔尺度
- 比尺度

の4種類に，データを分類することもあります.

■ 名義データとは？

介護福祉士は，次のようなデータを集めてみました．

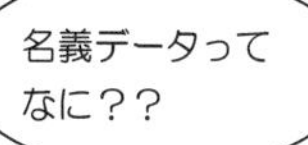

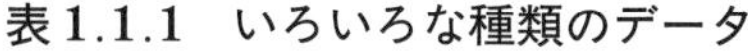

表 1.1.1　いろいろな種類のデータ

調査対象者	性別	年齢	介護の程度	施設の種類
No. 1	女性	73	要介護 3	介護老人福祉施設
No. 2	男性	69	要介護 4	養護老人ホーム
No. 3	男性	82	要介護 1	ケアハウス
No. 4	女性	75	要介護 5	ショートステイ
No. 5	女性	84	要介護 3	デイサービス
⋮	⋮	⋮	⋮	⋮
No. 9	女性	73	要介護 2	グループホーム
No. 10	男性	89	要介護 5	有料老人ホーム

このとき，施設の種類のような

“順序関係のないデータ”

を

“名義データ”

といいます．

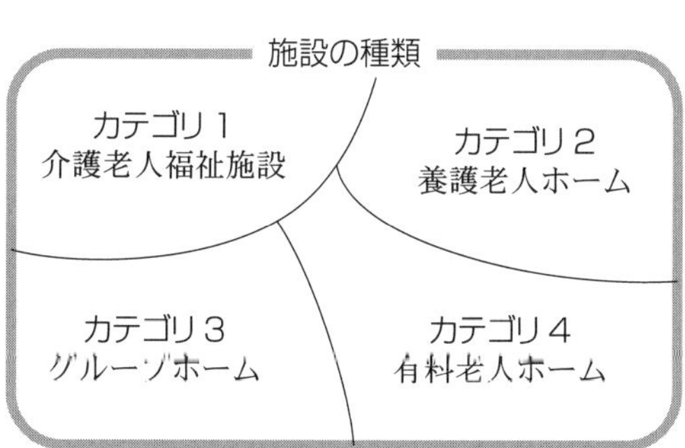

■ 順序データとは？

介護福祉士は，次のようなデータを集めてみました.

表 1.1.2　いろいろな種類のデータ

調査対象者	性別	年齢	介護の程度	施設の種類
No. 1	女性	73	要介護 3	介護老人福祉施設
No. 2	男性	69	要介護 4	養護老人ホーム
No. 3	男性	82	要介護 1	ケアハウス
No. 4	女性	75	要介護 5	ショートステイ
No. 5	女性	84	要介護 3	デイサービス
⋮	⋮	⋮	⋮	⋮
No. 9	女性	73	要介護 2	グループホーム
No. 10	男性	89	要介護 5	有料老人ホーム

このとき，介護の程度のような

“順序関係のあるデータ”

を

“順序データ”

といいます.

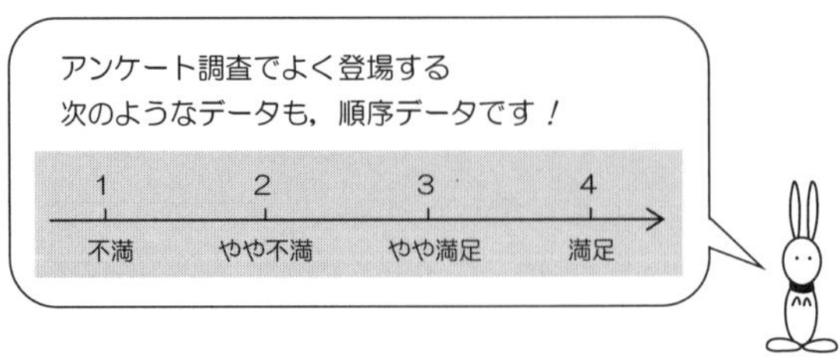

■ 数値データとは？

介護福祉士は，次のようなデータを集めてみました．

表 1.1.3　いろいろな種類のデータ

調査対象者	性別	年齢	介護の程度	施設の種類
No. 1	女性	73	要介護 3	介護老人福祉施設
No. 2	男性	69	要介護 4	養護老人ホーム
No. 3	男性	82	要介護 1	ケアハウス
No. 4	女性	75	要介護 5	ショートステイ
No. 5	女性	84	要介護 3	デイサービス
⋮	⋮	⋮	⋮	⋮
No. 9	女性	73	要介護 2	グループホーム
No. 10	男性	89	要介護 5	有料老人ホーム

このとき，年齢のような

“数値で表されるデータ”

を

“数値データ”

といいます．

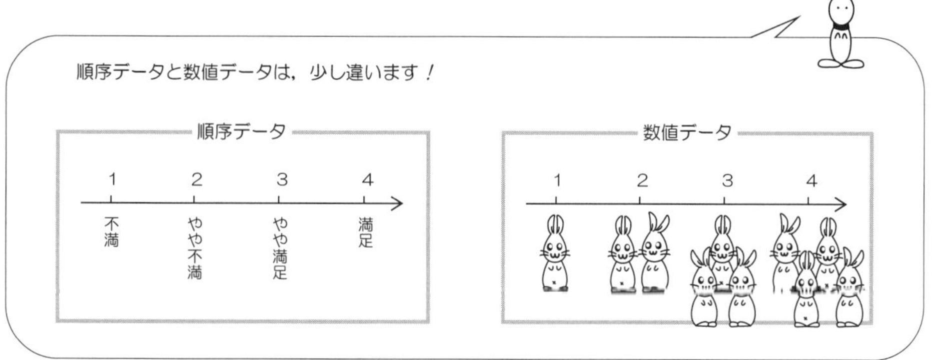

1.2 データはアンケート調査のあとで！

介護福祉士と管理栄養士の 2 人は悩んでいます．

そこで，この 2 人は高齢者を対象に，次のページのようなアンケート調査をおこなうことにしました．

■ アンケート調査の注意点

アンケート調査をおこなうときは，次の点に注意しましょう．

注意点 1　難しい言葉や専門用語を使わないようにしましょう．

　　項目　ユニバーサルデザインのユニットケアにおけるグローバル化をどう思いますか？

注意点 2　1 つの質問で 2 つのことをたずねるのは避けましょう．

　　項目　あなたは食事やスタッフに満足していますか？

注意点 3　誘導的な質問は避けましょう．

　　項目　急速に高齢化が進んでいますが，介護のための外国人雇用は賛成ですか？

注意点 4　前の質問が後の質問に影響をおよぼさないようにしましょう．

　　項目 1　あなたはさっと立ち上がれますか？

　　項目 2　あなたには腰痛がありますか？

表 1.2.1　アンケート調査票

介護サービスついて，おたずねします．
以下の項目についてお答えください．

アンケート調査のデータは
研究対象である母集団から
取り出された標本（サンプル）
と考えています

項目 1　あなたの性別は？
1．女性　　2．男性

項目 2　あなたの年齢は？
＿＿＿＿＿歳

項目 3　あなたはケアに満足していますか？
1．不満　　2．やや不満　　3．やや満足　　4．満足

項目 4　あなたは食事に満足していますか？
1．不満　　2．やや不満　　3．やや満足　　4．満足

項目 5　あなたはスタッフについてどのように思いますか？
1．不満　　2．やや不満　　3．やや満足　　4．満足

項目 6　あなたは腰痛がありますか？
1．はい　　2．いいえ

項目 7　あなたは介護労働の外国人雇用についてどう思いますか？
1．認めない　　2．どちらかといえば認めない　　3．わからない
4．どちらかといえば認める　　5．認める

調査対象者が
研究対象のすべてとなる場合は
アンケート調査のデータ＝母集団のデータ
となります

★ご協力，有難うございました．

ここで，理解度をチェック！

問 1.1　いろいろなデータを集めてみましょう．

エネルギーや
たんぱく質などは
食物摂取頻度調査法の
結果から計算しました

次のデータは，表 1.2.1 のアンケート調査の回答と管理栄養士による食物摂取頻度調査法の計算結果です．

介護サービスと栄養管理

調査回答者	性別	年齢	ケア	食事	スタッフ	腰痛	介護労働	エネルギー (kcal)	たんぱく質 (g)	炭水化物 (g)	カルシウム (mg)	鉄 (mg)
1	1	80	3	3	3	1	2	1238	45	193	253	3.8
2	2	84	2	3	4	1	1	1143	45	167	268	3.1
3	1	76	3	3	3	2	3	1978	65	312	501	6.7
4	2	73	3	3	2	1	4	912	36	158	290	3.5
5	1	74	3	2	2	1	4	1511	65	250	389	5.7
6	2	72	1	1	4	2	5	1163	48	200	376	5.7
7	1	81	2	2	4	2	1	968	47	131	279	4.2
8	2	84	4	4	1	1	2	1265	53	198	324	6.0
9	1	75	2	1	4	1	4	796	37	137	202	2.6
10	2	75	1	1	1	1	1	1106	50	164	282	4.1
11	1	75	2	3	4	1	1	1147	49	174	311	4.9
12	1	79	2	2	4	2	1	1016	45	136	210	3.2
13	2	73	2	1	4	1	1	762	41	102	309	4.5
14	1	73	2	1	4	1	1	1210	54	178	284	3.8
15	1	71	1	2	2	1	1	962	40	144	335	2.8
16	1	82	1	1	4	1	1	959	38	129	249	4.3
17	1	80	1	1	4	1	2	1045	40	161	288	4.0
18	2	70	4	4	1	2	2	979	42	151	334	4.4
19	2	76	4	4	1	1	2	860	35	138	245	2.8
20	2	74	3	3	1	1	2	1079	49	168	341	3.4
21	2	70	1	1	4	1	2	1287	57	199	424	5.0
22	2	77	1	1	4	1	2	1000	41	151	281	3.3
23	2	83	1	1	4	1	4	1199	49	203	280	3.1
24	1	82	1	1	1	1	2	1105	48	173	307	4.3
25	2	79	2	3	4	1	2	834	48	130	301	5.2
26	2	80	1	1	1	1	2	1036	52	160	307	4.2
27	2	72	3	3	4	2	5	1081	49	191	314	4.5
28	2	73	1	1	3	1	4	942	47	158	335	3.8
29	1	74	1	1	3	1	5	957	40	174	266	3.4
30	1	73	1	1	2	1	1	1301	48	199	255	3.2
31	2	74	2	1	4	1	5	1203	43	205	271	3.2

調査回答者	性別	年齢	ケア	食事	スタッフ	腰痛	介護労働	エネルギー (kcal)	たんぱく質 (g)	炭水化物 (g)	カルシウム (mg)	鉄 (mg)
32	1	73	2	2	2	2	1	2036	67	301	509	6.5
33	1	72	2	2	4	2	4	942	40	156	284	3.8
34	1	81	1	1	2	2	4	1529	65	250	385	5.0
35	2	78	1	1	1	2	5	1179	50	204	375	5.3
36	1	75	2	4	1	1	2	1057	46	165	283	4.7
37	1	76	2	4	3	1	2	1268	53	196	323	6.0
38	2	84	3	3	2	2	4	786	35	132	207	3.0
39	2	76	4	4	1	2	2	1086	46	168	276	4.3
40	1	81	2	2	3	1	4	1111	49	183	316	4.6
41	1	83	2	2	3	2	1	1099	42	151	216	3.9
42	2	73	3	3	3	1	1	819	38	121	307	4.7
43	1	74	2	2	3	2	1	1230	51	176	282	3.5
44	2	75	2	2	3	1	2	965	42	149	337	2.5
45	2	71	2	1	3	2	2	997	39	156	249	4.3
46	1	68	4	4	4	1	2	1060	40	169	283	3.8
47	1	80	1	2	3	1	2	922	42	143	341	4.2
48	2	80	4	3	4	1	5	878	38	161	245	3.7
49	1	76	1	1	3	1	1	1054	48	151	337	3.6
50	1	82	1	1	4	1	1	1248	53	190	429	5.1
51	2	78	3	3	3	1	1	1054	40	137	285	2.9
52	2	74	2	2	3	1	5	1199	52	204	282	3.6
53	2	74	4	4	1	1	1	1105	52	161	306	3.9
54	2	74	2	2	3	1	1	860	51	129	307	5.1
55	1	75	1	1	4	1	4	1067	49	178	305	4.3
56	1	69	1	2	2	1	3	1104	49	179	312	4.0
57	2	83	2	2	3	1	4	847	44	144	339	4.4
58	2	74	1	1	3	1	4	889	41	147	268	4.2
59	1	80	3	4	3	1	1	1322	47	194	248	3.6
60	2	78	4	4	4	1	1	1167	44	172	272	3.4
61	1	73	4	4	1	1	4	1976	69	316	500	6.8
62	1	81	2	2	2	1	3	923	37	151	285	4.1
63	2	80	2	3	4	1	1	1554	64	235	386	5.4
64	1	77	3	4	3	1	2	1160	48	179	373	4.9
65	2	79	4	3	1	1	2	993	47	158	285	4.3
66	2	84	1	1	3	1	4	1272	53	207	318	5.4
67	1	74	2	1	4	1	2	765	34	124	206	3.2
68	1	82	2	2	3	1	1	1057	48	158	277	3.9
69	2	77	1	1	3	1	5	1117	50	194	320	4.2
70	2	80	3	2	3	2	4	1080	44	168	211	3.4
71	1	82	1	1	3	1	2	836	39	133	308	3.9
72	2	79	4	3	2	1	4	1161	54	189	288	4.0
73	1	84	1	1	3	1	4	942	41	157	329	2.9
74	2	74	1	1	4	1	2	1037	38	155	248	3.5
75	2	74	1	1	3	1	1	997	37	150	283	3.3
76	1	73	3	3	3	1	4	954	43	163	334	4.3
77	2	71	4	4	3	1	1	909	37	131	251	2.9
78	1	72	2	2	3	1	1	1011	48	146	333	3.9
79	2	77	4	3	2	1	4	1301	55	212	422	5.5
80	2	79	1	1	4	2	4	1052	43	169	280	3.0

第2章 度数分布表による データのまとめ方

2.1 度数分布表とヒストグラム

介護福祉士は悩んでいます.

みなさんの
訪問介護サービスの
利用時間は何時間くらい
なのかしら？

そこで，高齢者 50 人を対象に，
2 週間の訪問介護サービスの利用時間を調査したところ，
右ページのようなデータを得ました.

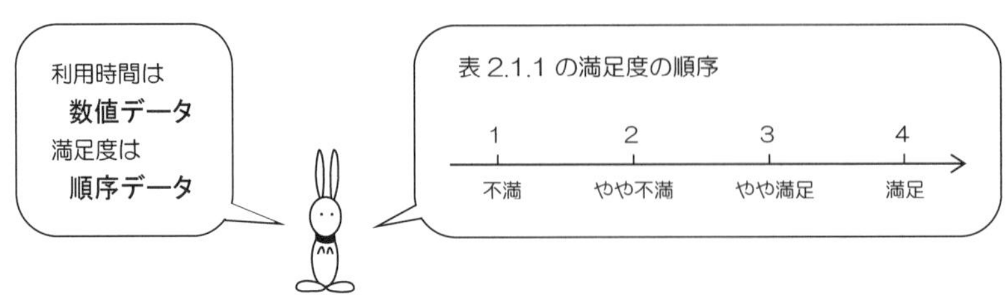

表 2.1.1　高齢者の訪問介護サービスの利用時間と満足度

調査回答者	利用時間（時間）	満足度	調査回答者	利用時間（時間）	満足度
1	27	4	26	15	3
2	21	2	27	19	2
3	12	3	28	22	3
4	15	4	29	24	3
5	6	1	30	15	2
6	23	4	31	27	3
7	21	4	32	31	3
8	12	2	33	20	4
9	5	1	34	29	4
10	20	4	35	16	4
11	16	3	36	11	1
12	20	4	37	23	4
13	22	2	38	16	3
14	32	3	39	13	3
15	9	3	40	20	1
16	20	1	41	15	4
17	31	4	42	25	2
18	22	3	43	16	3
19	22	2	44	25	4
20	15	4	45	20	4
21	8	2	46	19	3
22	21	3	47	20	4
23	28	2	48	24	4
24	24	3	49	9	2
25	30	4	50	22	2

知りたいことは？

- 高齢者 50 人の訪問介護サービス利用時間を，
  見やすい表にまとめたい．

- 高齢者 50 人の訪問介護サービス利用時間の状態を，
  グラフを使って表現したい．

このようなときは，次の統計処理が考えられます．

統計処理 1

高齢者 50 人の訪問介護サービス利用時間の度数分布表を作成する． ☞ p. 16

統計処理 2

高齢者 50 人の訪問介護サービス利用時間のヒストグラムを描く． ☞ p. 16

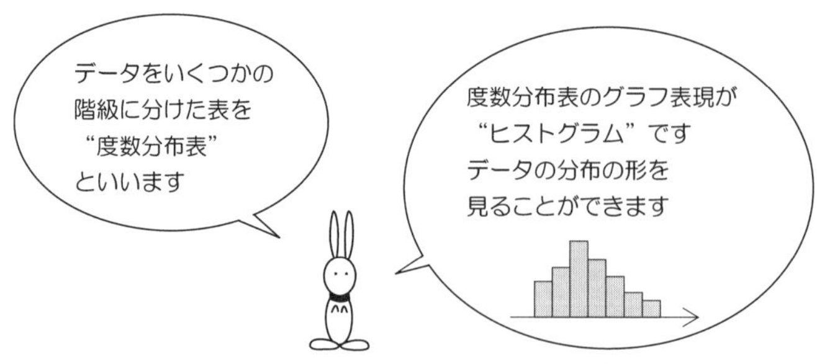

■ 度数分布表とは？

度数分布表とは，次のような表のことです．

表 2.1.2　基本の度数分布表

階　級	度　数	相対度数	累積度数	累積相対度数
$a_0 \sim a_1$	f_1	$\dfrac{f_1}{N}$	f_1	$\dfrac{f_1}{N}$
$a_1 \sim a_2$	f_2	$\dfrac{f_2}{N}$	f_1+f_2	$\dfrac{f_1+f_2}{N}$
$\vdots$	$\vdots$	$\vdots$	$\vdots$	$\vdots$
$a_{n-1} \sim a_n$	f_n	$\dfrac{f_n}{N}$	$f_1+f_2+\cdots+f_n$	$\dfrac{f_1+f_2+\cdots+f_n}{N}$
合　計	N	1		

この度数分布表は，データの範囲を

$$a_0 \sim a_1,\ a_1 \sim a_2,\ \cdots,\ a_{n-1} \sim a_n$$

の n 個の**階級**に分け，それぞれの階級に含まれるデータの個数を

$$f_1,\qquad f_2,\qquad \cdots,\qquad f_n$$

として表現しています．

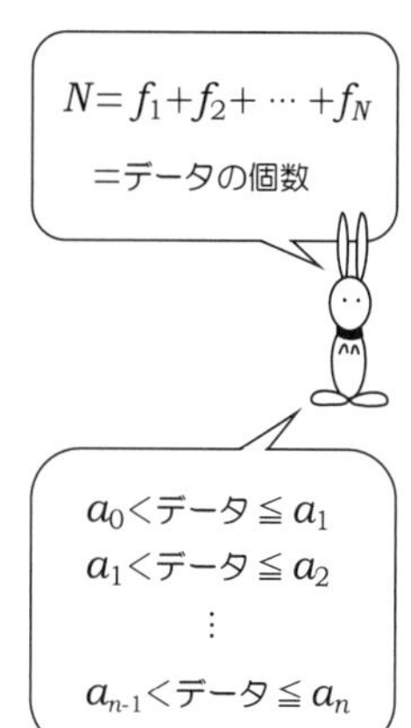

階級に含まれるデータの個数を**度数**といいます．

相対度数は正の値で，その合計が１になります．

したがって，度数分布表は確率分布としての一面も持っています．

報告書に書くときは！ ── ①

【度数分布表の場合】

『……．そこで，次の度数分布表を作成しました．

度数分布表

階　級	度　数	相対度数	累積度数	累積相対度数
0～5	1	0.02	1	0.02
5～10	4	0.08	5	0.10
10～15	9	0.18	14	0.28
15～20	13	0.26	27	0.54
20～25	15	0.30	42	0.84
25～30	5	0.10	47	0.94
30～35	3	0.06	50	1.00
合　計	50	1		

この度数分布表を見ると，訪問介護サービスの利用時間が 20 時間前後の人が最も多いことがわかります．また，利用時間が 30 時間以上の人や，逆に 5 時間未満の人も見受けられ，訪問介護サービスの利用時間にバラツキがあることもわかります．

以上のことから，今後の訪問介護サービスは ……………………………………

……………………………………………………………………………………

ここに
あなたの考えを
入れましょう

……………………………………………………………………………』

報告書に書くときは！──②

【ヒストグラムの場合】

『……．そこで，次のヒストグラムを作成しました．

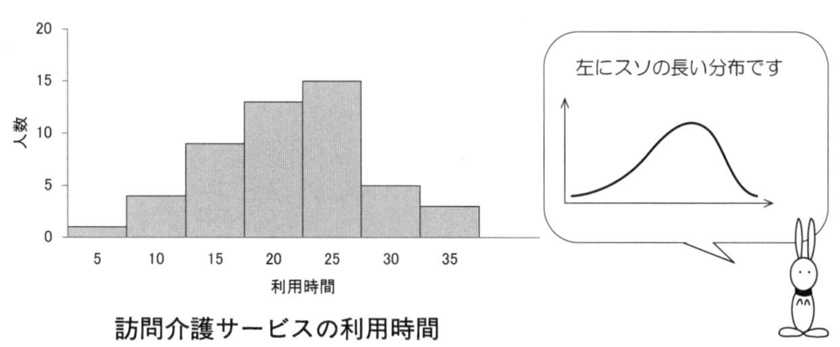

訪問介護サービスの利用時間

このヒストグラムを見ると，訪問介護サービスは20時間台を中心に利用されていることがわかります．少ないところでは5時間未満，多いところでは30時間以上と利用状況にかなりバラツキがあることが見て取れますが，左にスソの長い分布になっています．

以上のことから，今後の訪問介護サービスは ……………………………………

……………………………………………………………………………………

……………………………………………………………………………………

ここに
あなたの考えを
入れて下さい

……………………………………………………………………………………』

2.2 Excel の分析ツールによる度数分布表とヒストグラムの作り方

手順 1　次のようにデータと階級の値を入力します.

	A	B	C	D	E	F	G	H	I
1	No	利用時間							
2	1	27	階数						
3	2	21	5						
4	3	12	10						
5	4	15	15						
6	5	6	20						
7	6	23	25						
8	7	21	30						
9	8	12	35						
10	9	5							
11	10	20							
12	11	16							
13	12	20							
14	13	22							
15	14	32							
16	15	9							
17	16	20							
18	17	31							
19	18	22							
20	19	22							
21	20	15							
22	21								
23	22								
24	23								
25	24								
44	43								
45	44								
46	45								
47	46								
48	47	20							
49	48	24							
50	49	9							
51	50	22							
52									

なぜ階数の数が
7
なのかしら?

$$n \fallingdotseq 1+\frac{\log_{10} 50}{\log_{10} 2} = 6.643$$

階級の数 n をどのように決めるのか
という問題については
スタージェスの公式

$$n \fallingdotseq 1+\frac{\log_{10} N}{\log_{10} 2}$$

があります
でも……

度数分布表の階級

$a_0 \sim a_1$
$a_1 \sim a_2$
⋮
$a_{n-1} \sim a_n$

が区切りのよい数値になるように
階級の数を決めましょう!

手順 2　**データ** の中の，**データ分析** をクリック．

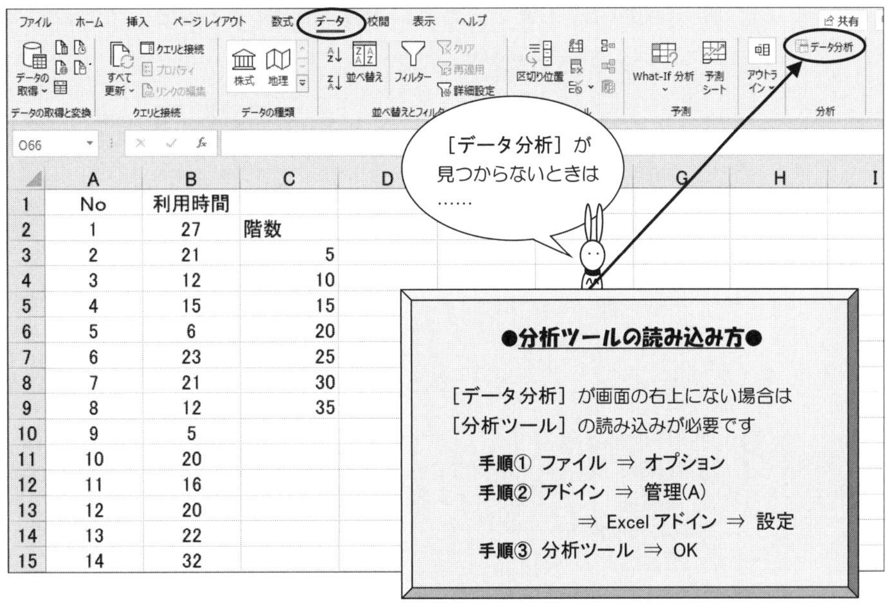

手順 3　次のように，分析ツールの画面になります．

ここで**ヒストグラム** を選択して，**OK**．

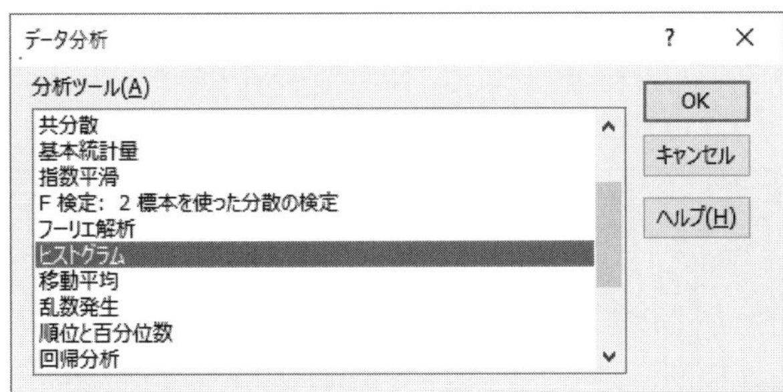

手順 4　**入力範囲(I)** にデータの範囲 B2：B51 を，**データ区間(B)** に度数分布表の階級の範囲 C3：C9 を入力し，**出力先(O)** を E6 としておきます．

□ **グラフ作成(C)**

もチェックしておきましょう．そして，**OK**．

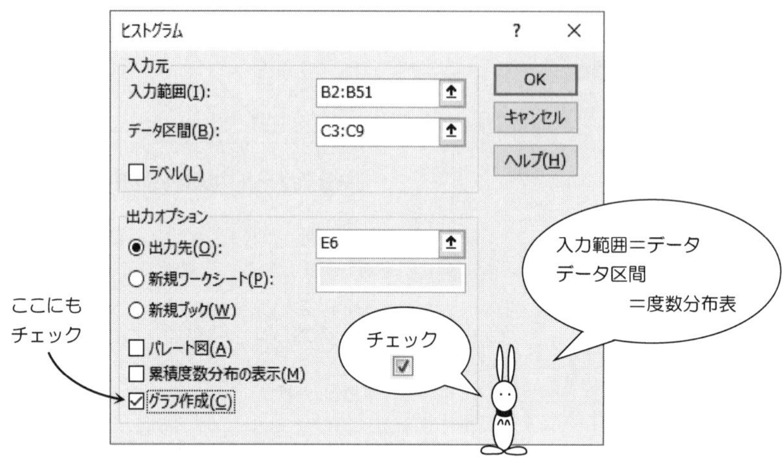

手順 5　次のような度数分布表とヒストグラムができあがります．

でも，このヒストグラムは少し修正が必要ですね．

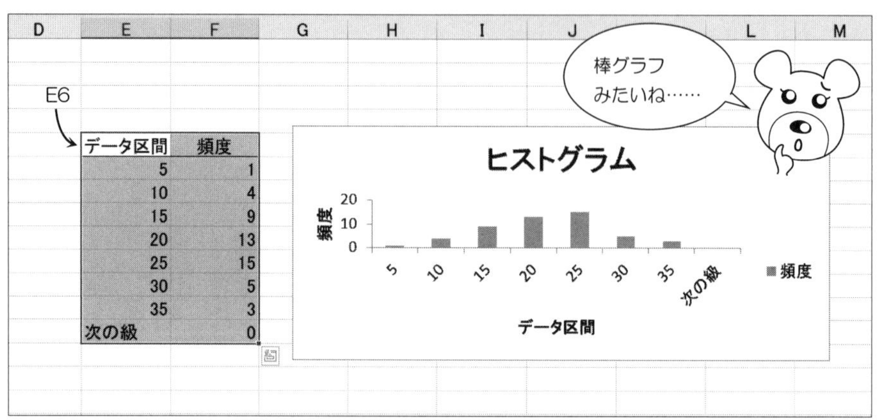

データ区間	頻度
5	1
10	4
15	9
20	13
25	15
30	5
35	3
次の級	0

手順 6　そこで，グラフの上をクリックして，**クイックレイアウト** の中から次の図を選べば……

手順 7　棒の間隔が修正されました．でも，もっと見やすくなりそうです．そこで……

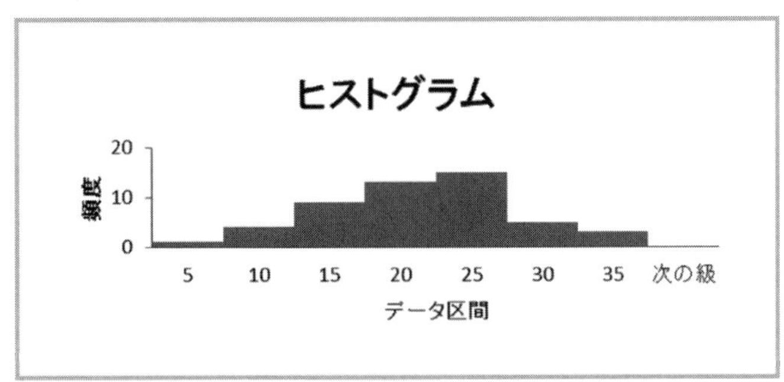

手順 8　グラフの色や枠線のスタイルを変えてみましょう．

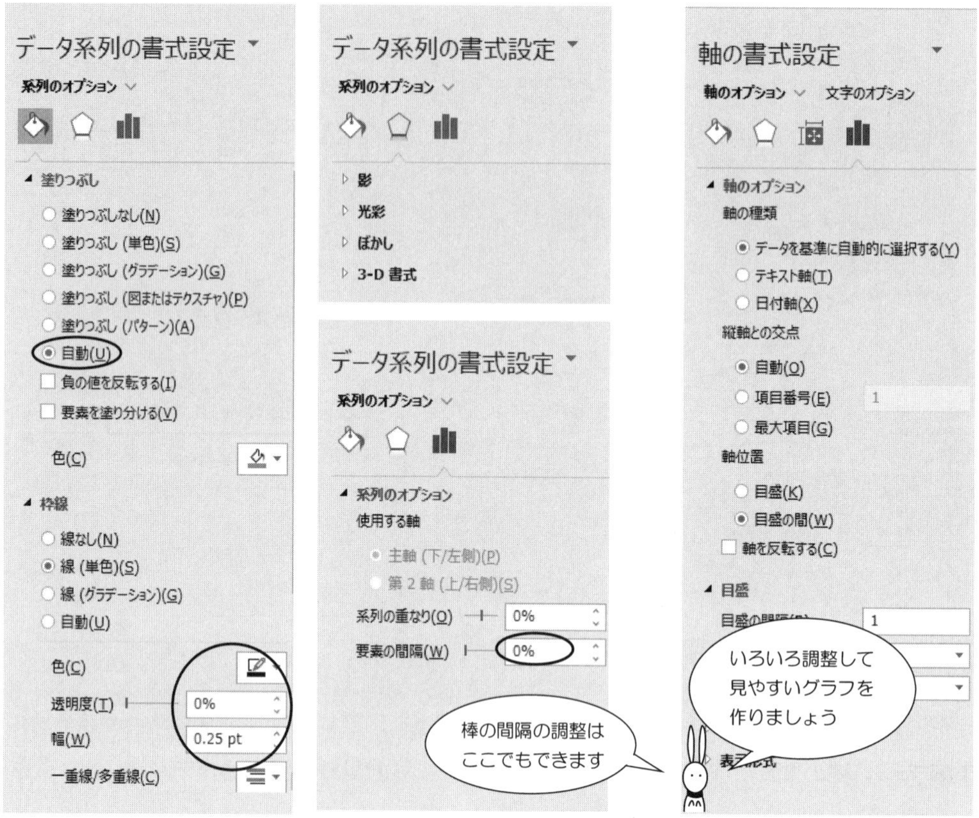

データ系列の書式設定
系列のオプション
塗りつぶし
塗りつぶしなし(N)
塗りつぶし (単色)(S)
塗りつぶし (グラデーション)(G)
塗りつぶし (図またはテクスチャ)(P)
塗りつぶし (パターン)(A)
自動(U)
負の値を反転する(I)
要素を塗り分ける(V)
色(C)
枠線
線なし(N)
線 (単色)(S)
線 (グラデーション)(G)
自動(U)
色(C)
透明度(T) 0%
幅(W) 0.25 pt
一重線/多重線(C)

データ系列の書式設定
系列のオプション
影
光彩
ぼかし
3-D 書式

データ系列の書式設定
系列のオプション
系列のオプション
使用する軸
主軸 (下/左側)(P)
第 2 軸 (上/右側)(S)
系列の重なり(O) 0%
要素の間隔(W) 0%

棒の間隔の調整は
ここでもできます

軸の書式設定
軸のオプション　文字のオプション
軸のオプション
軸の種類
データを基準に自動的に選択する(Y)
テキスト軸(T)
日付軸(X)
縦軸との交点
自動(O)
項目番号(E) 1
最大項目(G)
軸位置
目盛(K)
目盛の間(W)
軸を反転する(C)
目盛
1

いろいろ調整して
見やすいグラフを
作りましょう

手順 9　ヒストグラムの完成です！

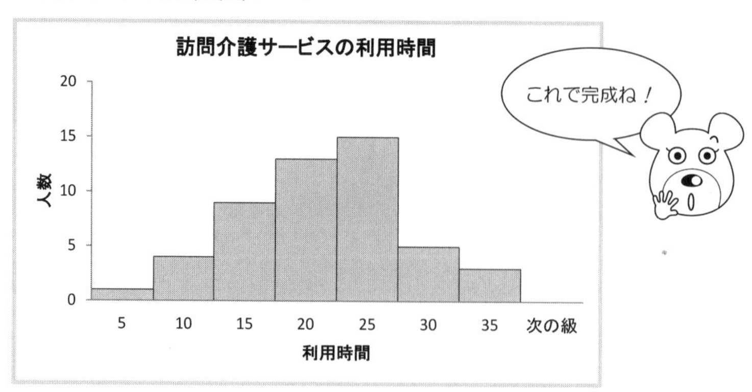

ここで，理解度をチェック！

http://www.tokyo-tosho.co.jp/

次のデータは，世界60地域における1人1日当たりの食事のエネルギー供給量を調査した結果です．

1人1日当たりの食事のエネルギー供給量

地域 No.	エネルギー (kcal)	地域 No.	エネルギー (kcal)	地域 No.	エネルギー (kcal)
1	3708	21	2026	41	2602
2	1912	22	2183	42	1988
3	2912	23	2956	43	2676
4	1844	24	2846	44	2218
5	2584	25	2481	45	1821
6	3758	26	2314	46	4051
7	2543	27	2099	47	2961
8	2845	28	4055	48	3698
9	2184	29	2745	49	2845
10	4075	30	3714	50	2129
11	2591	31	2825	51	1665
12	3990	32	4240	52	2424
13	2637	33	2914	53	2777
14	4319	34	2359	54	2158
15	3760	35	4147	55	2680
16	2769	36	2775	56	2074
17	2437	37	3276	57	3928
18	3946	38	3008	58	2338
19	2551	39	3949	59	2140
20	3167	40	4146	60	2157

問 2.1　60地域の1人1日当たりの食事のエネルギー供給量の度数分布表を作成してください．

問 2.2　60地域の1人1日当たりの食事のエネルギー供給量のヒストグラムを描いてください．

第3章 平均値と標準偏差によるデータのまとめ方

3.1 平均値と標準偏差

管理栄養士は悩んでいます.

そこで，施設介護の人と在宅介護の人の，たんぱく質とカルシウムの摂取量をそれぞれ15人ずつ調査したところ，右ページのようなデータを得ました.

知りたいことは？

- 高齢者のカルシウム摂取量は，1人1日当たりどの程度なのか知りたい.
- 高齢者のカルシウム摂取量は，人によってどの程度バラツキがあるのか知りたい.
- 施設介護の人と在宅介護の人では，カルシウム摂取量に違いがあるのかどうか知りたい.

表 3.1.1　高齢者のたんぱく質とカルシウムの摂取量

施設介護のグループ A

調査対象者	たんぱく質 (g)	カルシウム (mg)
1	51.7	385
2	25.0	249
3	54.7	404
4	31.0	339
5	42.7	321
6	26.4	244
7	37.1	358
8	25.6	267
9	26.5	285
10	31.9	272
11	29.3	284
12	36.5	315
13	42.2	425
14	37.0	308
15	27.1	275

在宅介護のグループ B

調査対象者	たんぱく質 (g)	カルシウム (mg)
1	59.8	389
2	34.9	255
3	71.1	497
4	35.1	336
5	76.8	394
6	30.4	262
7	41.9	471
8	30.5	283
9	36.7	397
10	31.0	284
11	34.6	369
12	34.4	315
13	63.5	421
14	41.7	486
15	58.2	354

このようなときは，次の統計処理が考えられます．

データから計算される数値を
“統計量”と
いいます

統計処理 1

高齢者の１人１日当たりのカルシウム摂取量の平均値を計算する． ☞ p. 27

統計処理 2

高齢者の１人１日当たりのカルシウム摂取量の分散・標準偏差を計算する．

☞ p. 29

統計処理 3

施設介護の人と在宅介護の人における１人１日当たりのカルシウム摂取量の平均値や分散・標準偏差を比較する． ☞ p. 34

■ 平均値とは?

平均値とは，データを代表する統計量のことです．

●—— 平均値の求め方

平均値は
データの位置を
示しています

その 1　平均値の定義式と公式

表 3.1.2　1 変数データの型

No.	x
1	x_1
2	x_2
⋮	⋮
N	x_N
合計	$\sum_{i=1}^{N} x_i$

平均値 $\bar{x}$

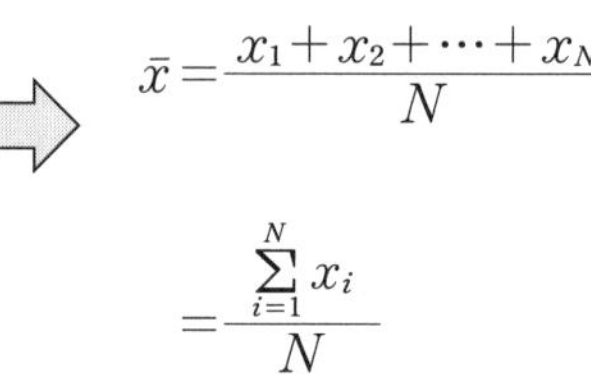

$$\bar{x} = \frac{x_1 + x_2 + \cdots + x_N}{N}$$

$$= \frac{\sum_{i=1}^{N} x_i}{N}$$

その 2　Excel 関数を利用する方法

数式 ↗ ***f_x* 関数の挿入** ↘ / ↘ **その他の関数** ↗　**統計** ⇨ **AVERAGE**

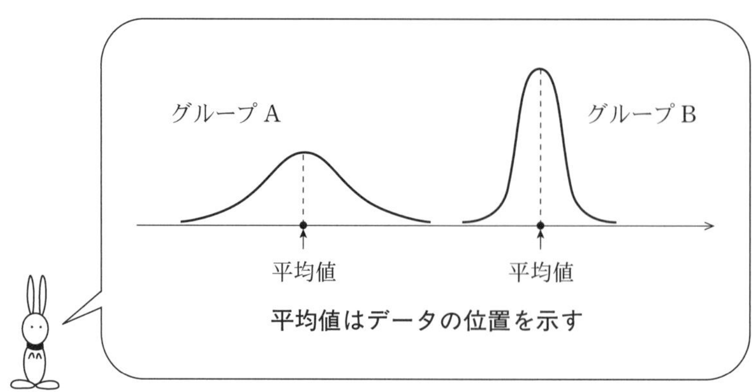

■ 分散と標準偏差とは？

分散・標準偏差とは，データのバラツキを測る統計量のことです．

●—— 分散と標準偏差の求め方

その1　分散・標準偏差の定義式と公式

表 3.1.3　1 変数データの統計量

No.	x	x^2
1	x_1	${x_1}^2$
2	x_2	${x_2}^2$
⋮	⋮	⋮
N	x_N	${x_N}^2$
合計	$\sum_{i=1}^{N} x_i$	$\sum_{i=1}^{N} {x_i}^2$

分散 s^2

$$s^2=\frac{(x_1-\bar{x})^2+(x_2-\bar{x})^2+\cdots+(x_N-\bar{x})^2}{N-1}$$

$$=\frac{N\times\left(\sum_{i=1}^{N} {x_i}^2\right)-\left(\sum_{i=1}^{N} x_i\right)^2}{N\times(N-1)}$$

標準偏差 $s=\sqrt{\text{分散}}$

その2　Excel 関数を利用する方法

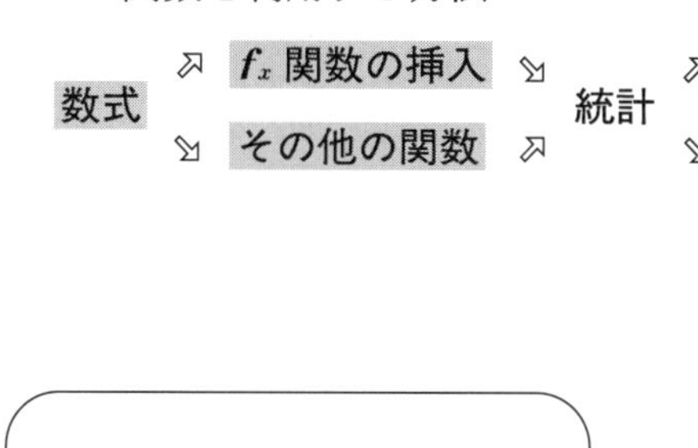

分散が大きい

分散が小さい

報告書に書くときは！

【平均値の場合】

『……．そこで，施設介護の人と在宅介護の人の，1人1日当たりのカルシウム摂取量の平均値を求めたところ，次のような結果を得ました．

1人1日当たりのカルシウム摂取量の平均値(mg)

	施設介護	在宅介護
平均値	315.4	367.5

施設介護における平均カルシウム摂取量は315.4 mgで，在宅介護の平均値367.5 mgに比べて少なくなっています．また，カルシウム摂取量のバラツキを調べるために標準偏差を求めたところ，次の表のようになりました．

1人1日当たりのカルシウム摂取量の標準偏差

	施設介護	在宅介護
標準偏差	56.341	79.397

この表を見ると，施設介護に比べて在宅介護の人のカルシウム摂取量は，バラツキが大きくなっています．

以上のことから，今後の骨粗鬆症予防として ……………………………………

……………………………………………………………………………………………………

……………………………………………………………………………………………………

…………………………………………………………………………………………………』

ここには
あなたの考えを
入れてください

3.2 Excel 関数による平均値の求め方

手順 1　次のようにデータを入力して，H2 のセルをクリック．

	A	B	C	D	E	F	G	H	I
1	施設介護			在宅介護					
2	No.	カルシウム		No.	カルシウム		平均値		
3	1	385		1	389				
4	2	249		2	255				
5	3	404		3	497				
6	4	339		4	336				
7	5	321		5	394				
8	6	244		6	262				
9	7	358		7	471				
10	8	267		8	283				
11	9	285		9	397				
12	10	272		10	284				
13	11	284		11	369				
14	12	315		12	315				
15	13	425		13	421				
16	14	308		14	486				
17	15	275		15	354				

施設介護の
カルシウム摂取量の
平均値を求めます

手順 2　数式 ⇨ f_x 関数の挿入 ⇨ 統計 ⇨ AVERAGE を選択して

OK をクリックします．

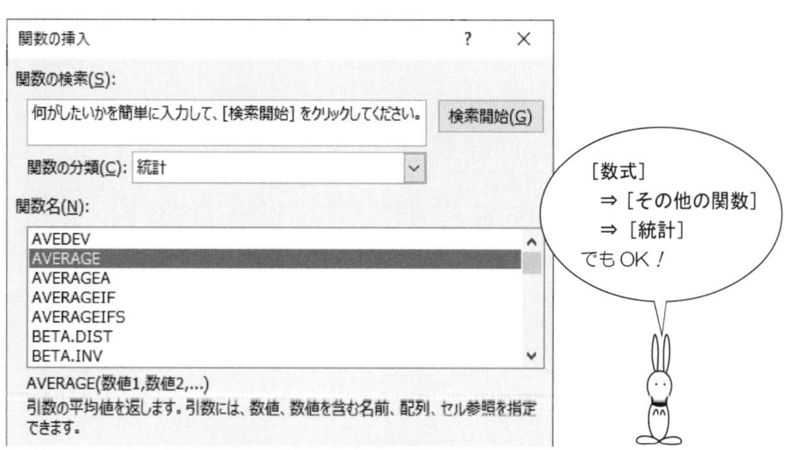

手順 3　次の画面になったら，**数値 1** のところに

B3：B17

と入力して，**OK**.

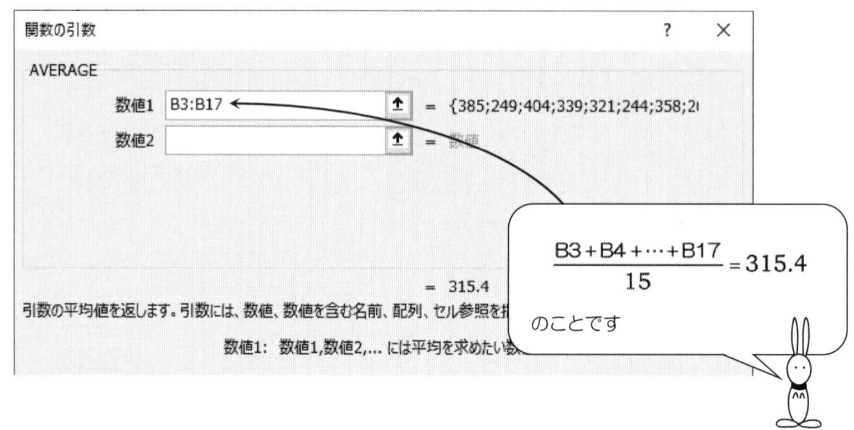

手順 4　H2 のセルに，平均値 315.4 が計算できました！

	A	B	C	D	E	F	G	H	I
1	施設介護			在宅介護					
2	No.	カルシウム		No.	カルシウム		平均値	315.4	
3	1	385		1	389				
4	2	249		2	255				
5	3	404		3	497				
6	4	339		4	336				
7	5	321		5	394				
8	6	244		6	262				
9	7	358		7	471				
10	8	267		8	283				
11	9	285		9	397				
12	10	272		10	284				
13	11	284		11	369				
14	12	315		12	315				
15	13	425		13	421				
16	14	308		14	486				
17	15	275		15	354				
18									

3.3 Excel関数による分散と標準偏差の求め方

手順1　次のようにデータを入力して，H3 のセルをクリック．

	A	B	C	D	E	F	G	H	I
1	施設介護			在宅介護					
2	No.	カルシウム		No.	カルシウム		平均値	315.4	
3	1	385		1	389		分散		
4	2	249		2	255		標準偏差		
5	3	404		3	497				
6	4	339		4	336				
7	5	321		5	394				
8	6	244		6	262				
9	7	358		7	471				
10	8	267		8	283				
11	9	285		9	397				
12	10	272		10	284				
13	11	284		11	369				
14	12	315		12	315				
15	13	425		13	421				
16	14	308		14	486				
17	15	275		15	354				

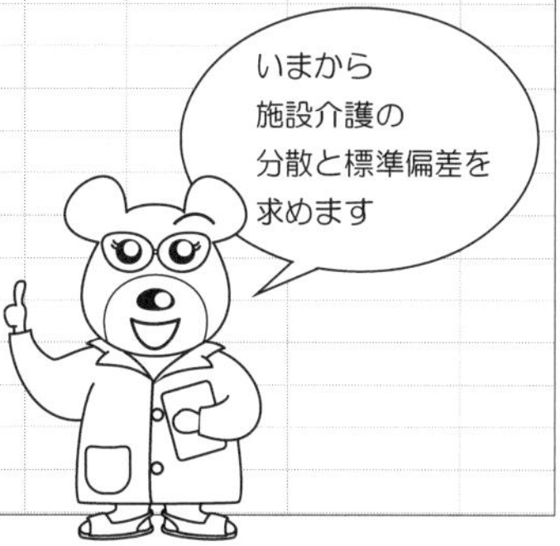

手順2　数式 ⇨ f_x 関数の挿入 ⇨ 統計 ⇨ VAR.S を選択して

OK をクリックします．

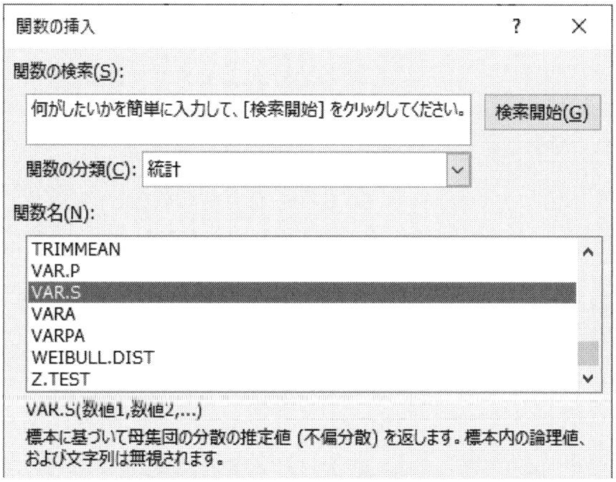

関数の挿入　?　×

関数の検索(S):

何がしたいかを簡単に入力して、[検索開始] をクリックしてください。　検索開始(G)

関数の分類(C): 統計

関数名(N):

TRIMMEAN
VAR.P
VAR.S
VARA
VARPA
WEIBULL.DIST
Z.TEST

VAR.S(数値1,数値2,...)

標本に基づいて母集団の分散の推定値 (不偏分散) を返します。標本内の論理値、および文字列は無視されます。

手順 3　次の画面になったら，**数値 1** のところへ

B3：B17

と入力して，**OK**．

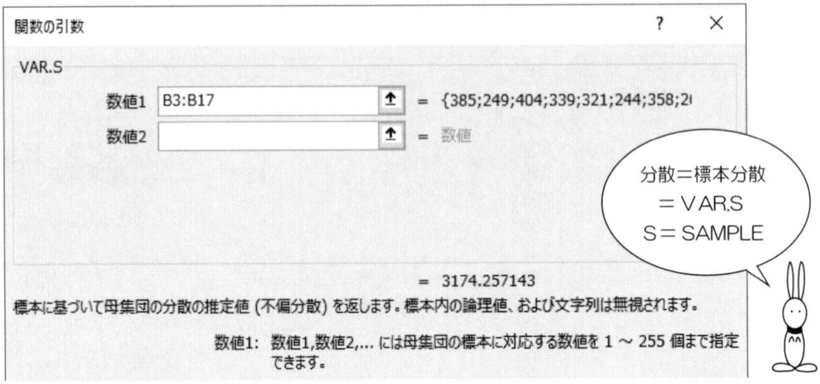

関数の引数

VAR.S

数値1 B3:B17 = {385;249;404;339;321;244;358;2(

数値2 = 数値

= 3174.257143

標本に基づいて母集団の分散の推定値 (不偏分散) を返します。標本内の論理値、および文字列は無視されます。

数値1: 数値1,数値2,... には母集団の標本に対応する数値を 1 ～ 255 個まで指定できます。

分散＝標本分散
＝VAR.S
S＝SAMPLE

手順 4　次のように分散が求まりましたか？

	A	B	C	D	E	F	G	H	I
1	施設介護			在宅介護					
2	No.	カルシウム		No.	カルシウム		平均値	315.4	
3	1	385		1	389		分散	3174.257	
4	2	249		2	255		標準偏差		
5	3	404		3	497				
6	4	339		4	336				
7	5	321		5	394				
8	6	244		6	262				
9	7	358		7	471				
10	8	267		8	283				
11	9	285		9	397				
12	10	272		10	284				
13	11	284		11	369				
14	12	315		12	315				
15	13	425		13	421				
16	14	308		14	486				
17	15	275		15	354				

手順 5　標準偏差も計算しましょう．H4 のセルをクリックしたら

数式 ⇨ ***fx* 関数の挿入** ⇨ **統計** ⇨ **STDEV.S** を選択して，

OK をクリックします．

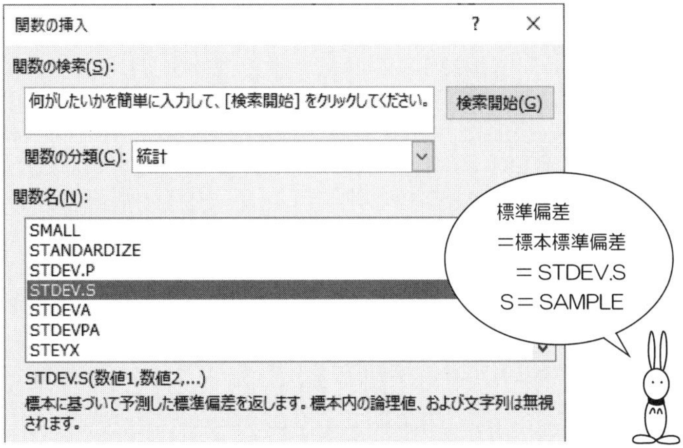

関数の挿入

関数の検索(S):

何がしたいかを簡単に入力して、[検索開始] をクリックしてください。　検索開始(G)

関数の分類(C): 統計

関数名(N):

SMALL
STANDARDIZE
STDEV.P
STDEV.S
STDEVA
STDEVPA
STEYX

STDEV.S(数値1,数値2,...)

標本に基づいて予測した標準偏差を返します。標本内の論理値、および文字列は無視されます。

標準偏差
＝標本標準偏差
＝STDEV.S
S＝SAMPLE

手順 6　次のようにデータの範囲を入力したら，**OK**．

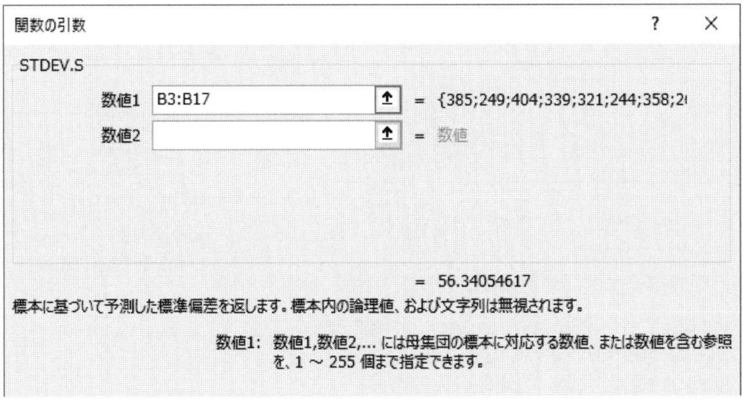

関数の引数

STDEV.S

数値1　B3:B17　= {385;249;404;339;321;244;358;2

数値2　　= 数値

= 56.34054617

標本に基づいて予測した標準偏差を返します。標本内の論理値、および文字列は無視されます。

数値1: 数値1,数値2,... には母集団の標本に対応する数値、または数値を含む参照を、1 ～ 255 個まで指定できます。

手順７　標準偏差も求まりました！

	A	B	C	D	E	F	G	H	I
1	施設介護			在宅介護					
2	No.	カルシウム		No.	カルシウム		平均値	315.4	
3	1	385		1	389		分散	3174.257	
4	2	249		2	255		標準偏差	56.341	
5	3	404		3	497				
6	4	339		4	336				
7	5	321		5	394				
8	6	244		6	262				
9	7	358		7	471				
10	8	267		8	283				
11	9	285		9	397				
12	10	272		10	284				
13	11	284		11	369				
14	12	315		12	315				
15	13	425		13	421				
16	14	308		14	486				
17	15	275		15	354				
18									
19									
20									

$$分散 = \frac{(385-315)^2+(219-315)^2+\cdots+(404-315)^2}{15-1}$$

$$= 3174.257$$

$$標準偏差 = \sqrt{3174.26} = 56.341$$

分散には“母分散”と“標本分散”の
２通りの定義があり，ここでは
標本分散のことを“分散”と呼びます

標準偏差にも“母標準偏差”と“標本標準偏差”の
２通りの定義がありますが，ここでは
標本標準偏差のことを“標準偏差”と呼びます

母分散 ＝ VAR.P
母標準偏差 ＝ STDEV.P
P ＝ POPULATION

■ 平均値・分散・標準偏差を公式で再確認!!

次のような統計量を計算しておきます.

表 3.3.1　公式で計算するときは…!

No.	x	x^2
1	385	148225
2	249	62001
3	404	163216
4	339	114921
⋮	⋮	⋮
13	425	180625
14	308	94864
15	275	75625
合計	4731	1536597

↑ $\sum_{i=1}^{N} x_i$　　↑ $\sum_{i=1}^{N} x_i^2$

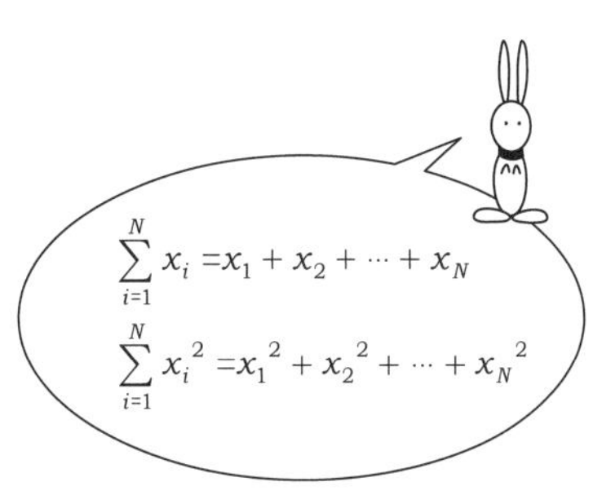

$$\text{平均値}\ \bar{x} = \frac{x_1 + x_2 + \cdots + x_N}{N} = \frac{4731}{15} = 315.4$$

$$\text{分散}\ s^2 = \frac{N \times \left(\sum_{i=1}^{N} x_i^2\right) - \left(\sum_{i=1}^{N} x_i\right)^2}{N \times (N-1)}$$

$$= \frac{15 \times 1536397 - (4731)^2}{15 \times (15-1)} = 3174.26$$

$$\text{標準偏差}\ s = \sqrt{3174.26}$$

$$= 56.34$$

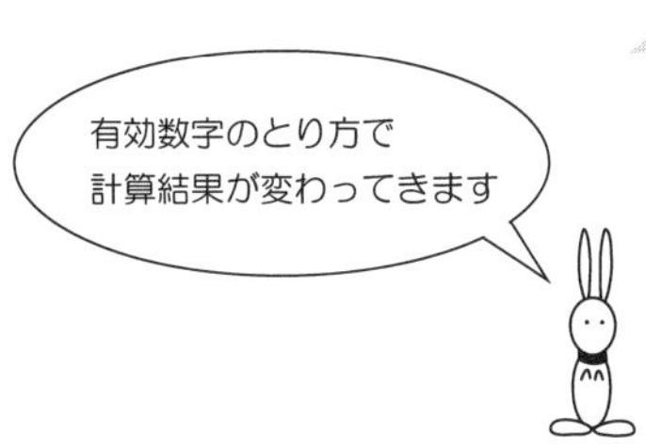

3.4 Excel の分析ツールによる基本統計量の求め方

手順 1　データを入力したら，**データ** の中の **データ分析** を選択.

	A	B	C	D	E
1	施設介護			在宅介護	
2	No.	カルシウム		No.	カルシウム
3	1	385		1	389
4	2	249		2	255
5	3	404		3	497
6	4	339		4	336
7	5	321		5	394
8	6	244		6	262
9	7	358		7	471
10	8	267		8	283
11	9	285		9	397
12	10	272		10	284
13	11	284		11	369
14	12	315		12	315
15	13	425		13	421
16	14	308		14	486
17	15	275		15	354
18					

［データ分析］は
ここにあります

手順 2　次の分析ツールの中から **基本統計量** を選択して，

OK.

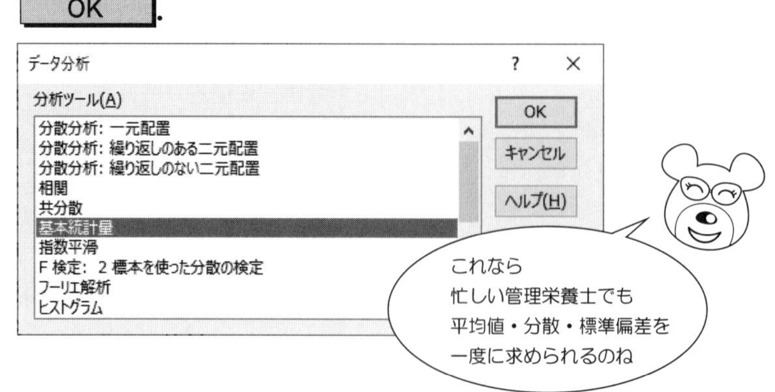

手順 3　次のように，入力範囲(I) のところへ B3：B17 と入力．

□ 統計情報(S)

もチェックします．そして，OK．

手順 4　一度にいろいろな統計量が求まりました．

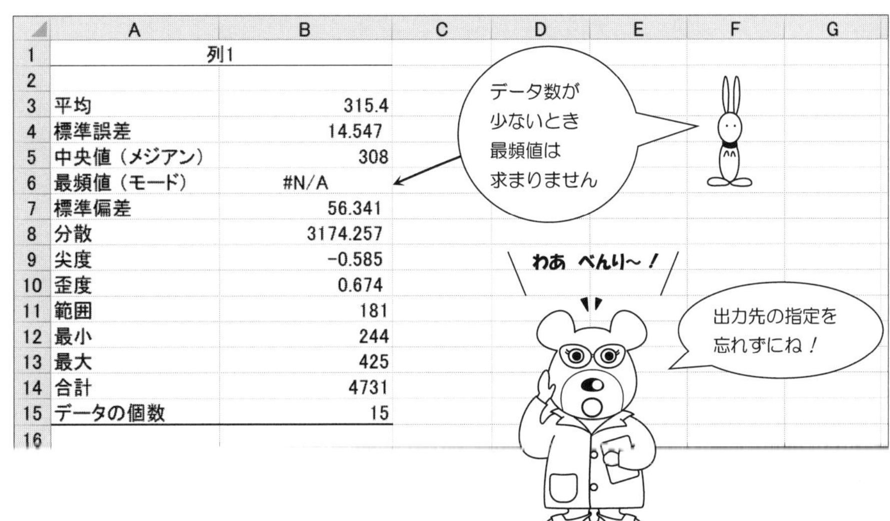

	A	B
1	列1	
2		
3	平均	315.4
4	標準誤差	14.547
5	中央値（メジアン）	308
6	最頻値（モード）	#N/A
7	標準偏差	56.341
8	分散	3174.257
9	尖度	−0.585
10	歪度	0.674
11	範囲	181
12	最小	244
13	最大	425
14	合計	4731
15	データの個数	15
16		

ちょっと得する耳より情報

●—— 標準誤差とは?

標準誤差とは $\dfrac{\text{標準偏差}}{\sqrt{\text{データ数}}}$ のことです.

$$\text{標準誤差} = \frac{56.34}{\sqrt{15}} = 14.55$$

●—— 中央値とは?

中央値とは, データを大きさの順に並べたときの真ん中の値です.

順位	カルシウム (mg)
1 位	244
2 位	249
3 位	267
4 位	272
5 位	275
6 位	284
7 位	285
8 位	308
9 位	315
10 位	321
11 位	339
12 位	358
13 位	385
14 位	404
15 位	425

ここが
真ん中の値
ですね

●—— 範囲とは?

範囲＝最大値－最小値

181 ＝ 425 － 244

ここで，理解度をチェック！

次のデータは，介護老人福祉施設の入所者と在宅介護を受けている人の，1人1日当たりの炭水化物と鉄の摂取量を調査した結果です．

高齢者の1人1日当たりの炭水化物と鉄の摂取量

介護老人福祉施設のグループ

調査対象者	炭水化物(g)	鉄(mg)
1	119	2.8
2	119	4.7
3	191	5.2
4	121	4.7
5	77	2.8
6	119	4.0
7	122	4.1
8	154	5.1
9	117	3.5
10	171	4.7
11	160	3.0
12	95	3.4
13	137	4.8
14	141	3.4
15	141	3.4
16	91	3.8
17	118	4.5
18	102	2.8
19	97	3.6
20	158	3.2

在宅介護のグループ

調査対象者	炭水化物(g)	鉄(mg)
1	141	5.4
2	132	3.8
3	135	4.5
4	128	4.1
5	115	5.2
6	105	4.3
7	140	4.1
8	138	4.5
9	154	4.9
10	156	3.4
11	196	4.7
12	144	3.5
13	151	4.3
14	139	3.8
15	94	3.9
16	118	3.1
17	133	4.5
18	117	3.4
19	159	4.9
20	133	5.2

問 3.1　炭水化物摂取量の平均値を求めてください．

問 3.2　炭水化物摂取量の分散と標準偏差を求めてください．

問 3.3　介護老人福祉施設と在宅介護の炭水化物摂取量を比較してください．

第4章 グラフ表現によるデータのまとめ方

4.1 棒グラフと円グラフと折れ線グラフ

介護福祉士は，地域の健康相談セミナーで講演を依頼されました．

そこで，身体の機能が低下したときの住宅の住みやすさについて，日本，イギリス，韓国，フランス，中国で調査したところ，次のようなデータを得ました．

表 4.1.1 身体の機能が低下したときの住宅の住みやすさ

国　名	住みやすい	まあ住みやすい	多少問題がある	非常に問題がある	無回答
日　　本	15	27	67	37	2
イギリス	48	35	31	22	5
韓　　国	7	21	23	15	1
フランス	37	33	24	12	3
中　　国	7	12	11	8	1

次に，介護福祉士は，高齢者のための在宅エステティックにも注目しました．

そこで，日本と韓国における在宅エステティックの月平均利用回数を調査してみると……

表 4.1.2　在宅エステティックの月平均利用回数

年	日本	韓国	年	日本	韓国	年	日本	韓国
1月	11.5	13.2	1月	33.6	91.7	1月	62.1	123.2
2月	10.6	21.7	2月	37.4	106.6	2月	53.6	122.4
3月	16.8	27.3	3月	40.5	98.4	3月	70.6	116.1
4月	19.0	38.2	4月	39.4	84.5	4月	70.5	133.7
5月	22.9	53.7	5月	54.6	104.9	5月	75.7	128.1
6月	26.1	58.0	6月	47.0	111.6	6月	71.7	128.6
7月	20.3	64.1	7月	50.2	108.7	7月	78.4	132.5
8月	26.3	78.3	8月	51.3	119.2	8月	74.0	133.4
9月	31.1	77.1	9月	53.5	96.4	9月	80.4	137.1
10月	28.8	87.6	10月	52.5	117.3	10月	78.2	136.1
11月	41.7	65.8	11月	61.0	123.1	11月	83.3	132.6
12月	31.8	94.8	12月	60.2	121.5	12月	81.4	134.7

知りたいことは?

- 日本と韓国における住宅の住みやすさの違いを，グラフで表現したい.
- 日本と韓国における住宅の住みやすさの比率を，グラフで表現したい.
- 日本と韓国における在宅エステティックの利用回数の変化を
  グラフで表現したい.

このようなときは，次の統計処理が考えられます.

統計処理 1

日本と韓国における住宅の住みやすさを，棒グラフで描く. ☞ p. 44

統計処理 2

日本と韓国における住宅の住みやすさの比率を，円グラフで描く. ☞ p. 48

統計処理 3

日本と韓国における在宅エステティックの利用回数を，折れ線グラフで描く.

☞ p. 50

■ 棒グラフとは?

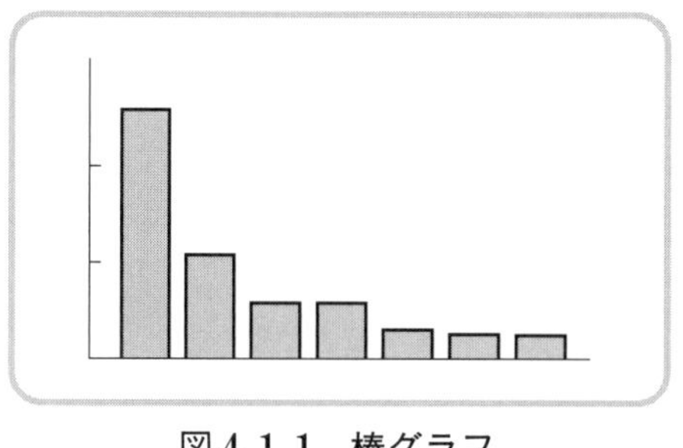

図4.1.1　棒グラフ

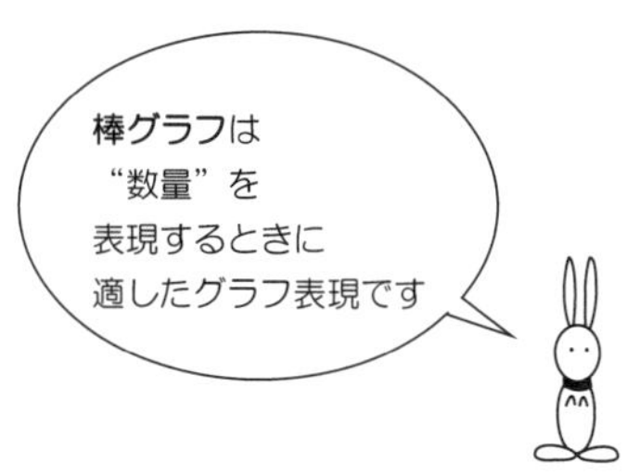

■ 円グラフとは?

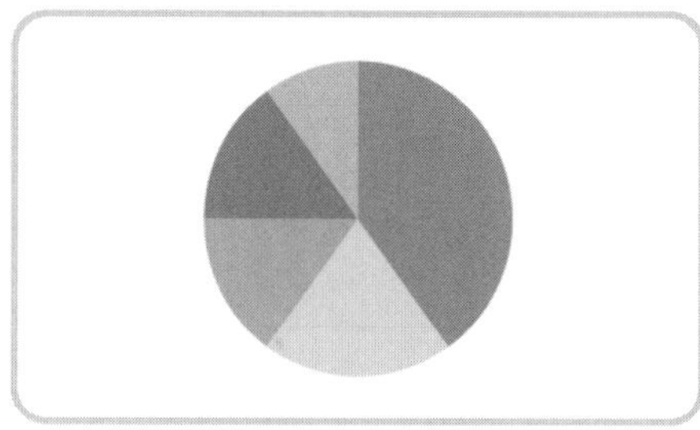

図4.1.2　円グラフ

■ 折れ線グラフとは?

図4.1.3　折れ線グラフ

報告書に書くときは！——①

【棒グラフの場合】

『……．そこで，日本と韓国のデータを棒グラフで表現すると，次のようになりました．

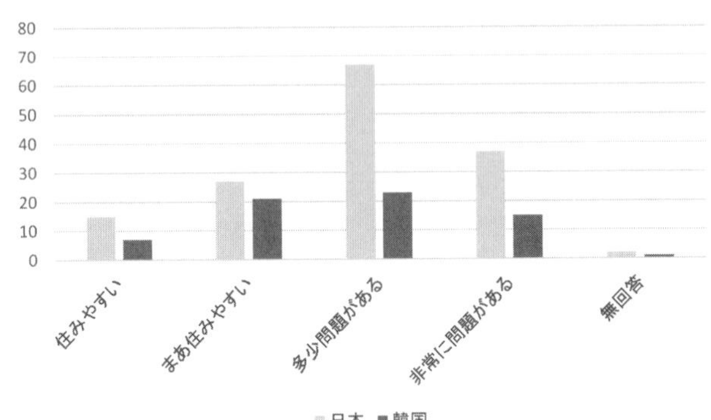

身体の機能が低下したときの住宅の住みやすさ　』

【円グラフの場合】

『……．そこで，日本と韓国のデータを円グラフで表現すると，次のようになりました．

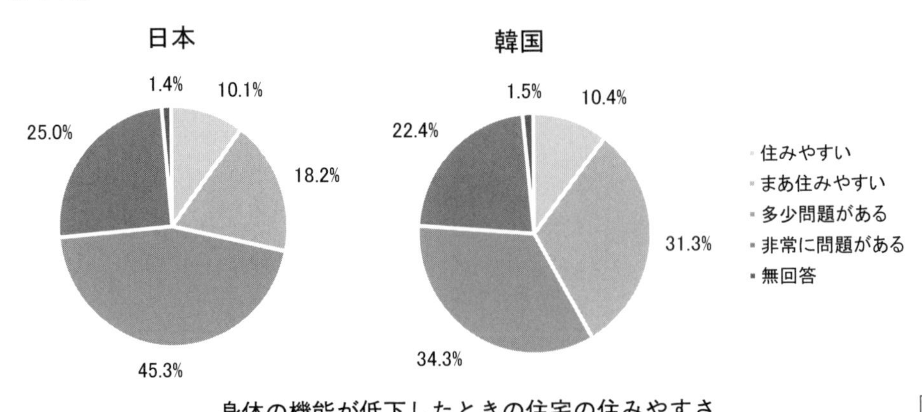

身体の機能が低下したときの住宅の住みやすさ　』

報告書に書くときは！——②

【折れ線グラフの場合】

『……．そこで，日本と韓国のデータを折れ線グラフで表現すると，次のようになりました．

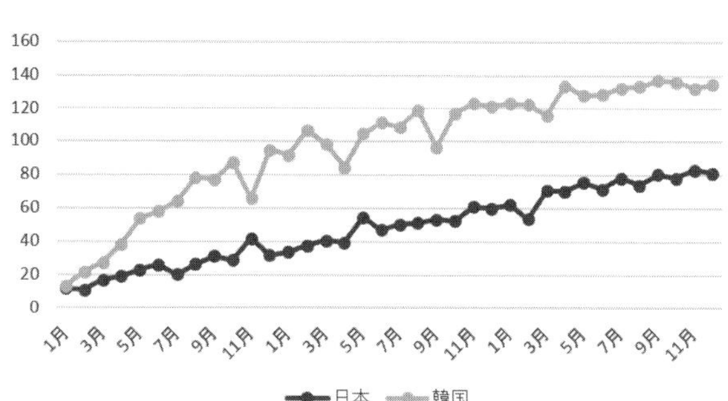

在宅エステティックの月平均利用回数

以上のことから，日本と韓国においては……………………………………

……………………………………………………………………………………

……………………………………………………………………………………

ここで
あなたの考えを
主張しましょう

……………………………………………………………………………………』

4.2 Excel による棒グラフの描き方

手順 1　はじめに，棒グラフで表現したいデータの範囲を，次のように指定しておきます．

	A	B	C	D	E	F
1		住みやすい	まあ住みやすい	多少問題がある	非常に問題がある	無回答
2	日本	15	27	67	37	2
3	韓国	7	21	23	15	1

日本と韓国の
住宅の住みやすさに
関する棒グラフを
描きます

手順 2　挿入 の中の 縦棒 をクリック．

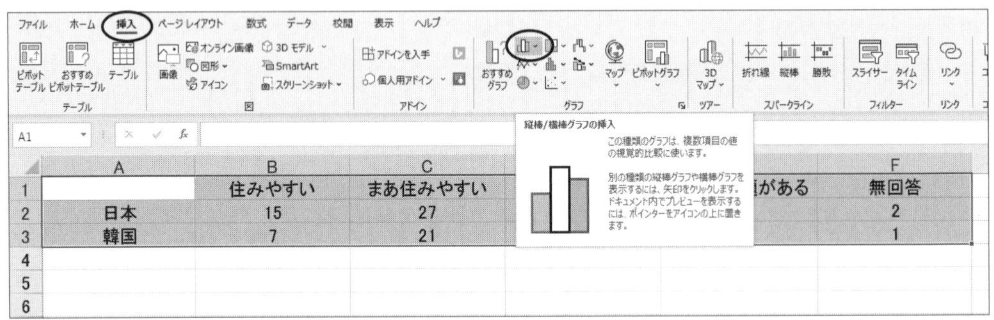

手順 3　次の画面の **2-D 縦棒** を選択すると……

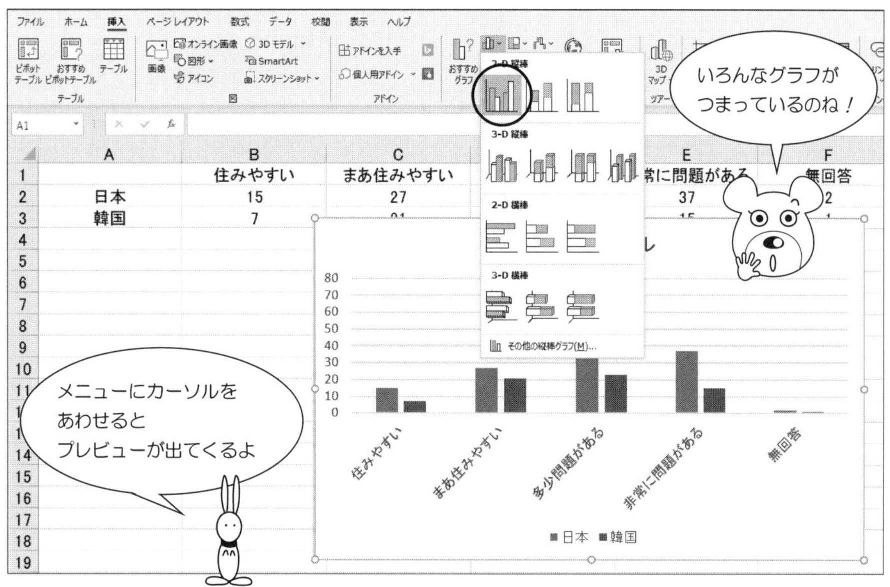

手順 4　棒グラフの完成です．でも，もう少し見やすくなりそうです．

そこで，グラフの上をクリックすると……

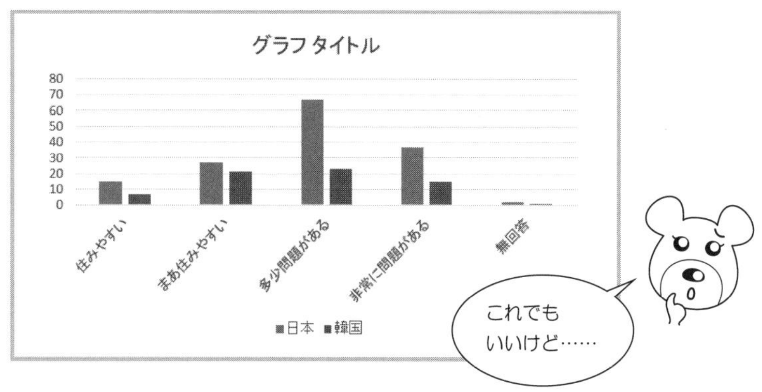

手順 5　いろいろ編集してみましょう．

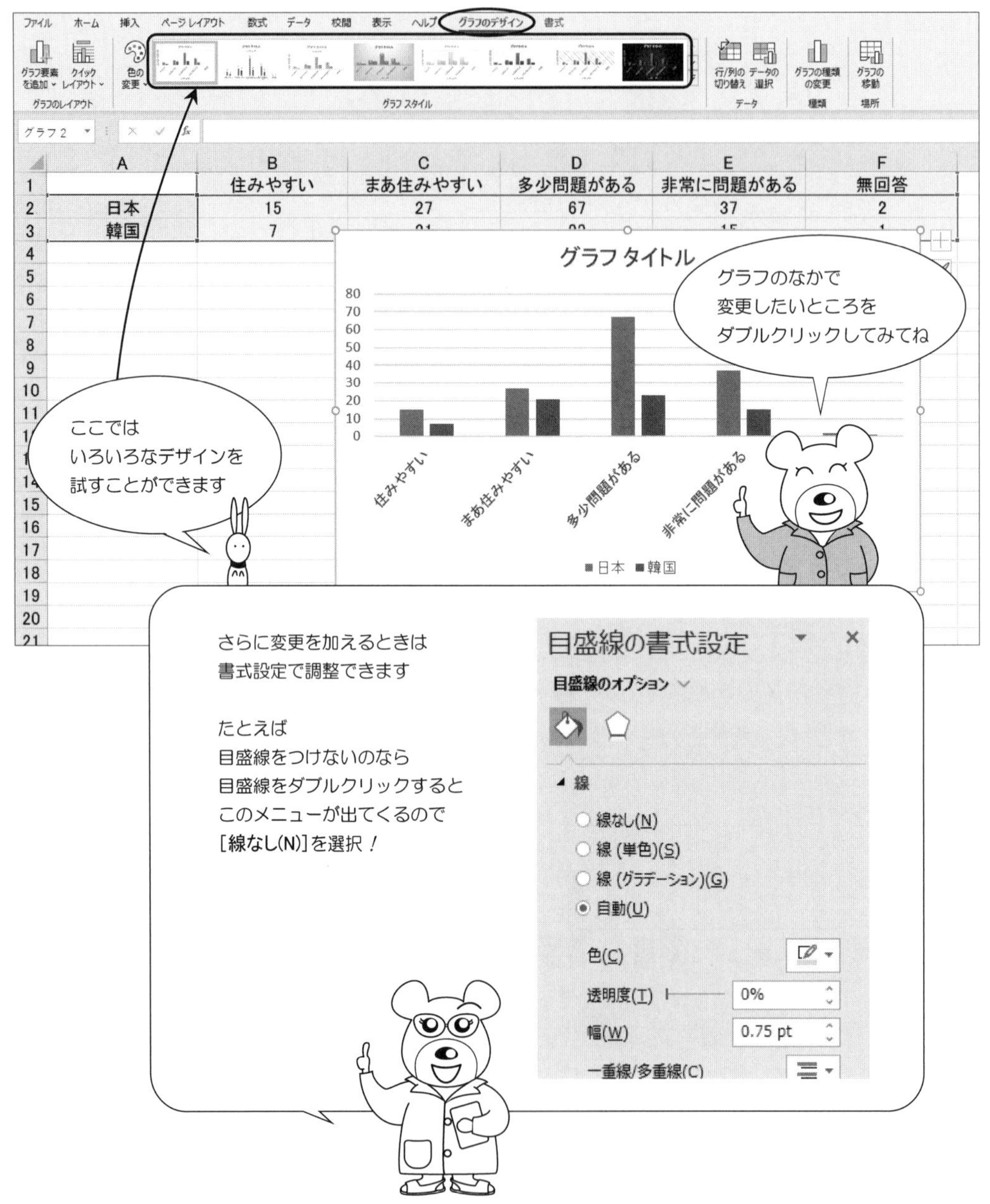

手順 6　次のような棒グラフができました！

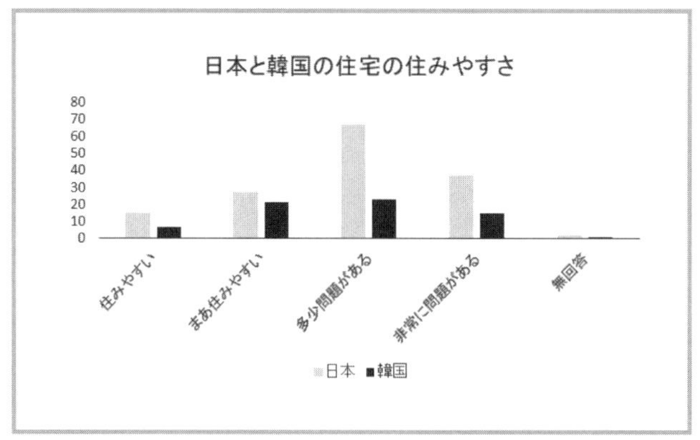

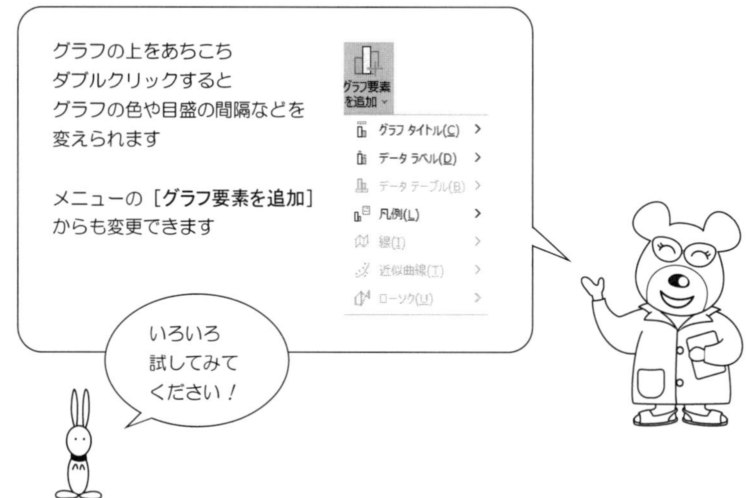

4.3 Excelによる円グラフの描き方

手順 1　はじめに，円グラフに使用したいデータの範囲を指定して

挿入 をクリック．**円** の中の **2-D 円** を選択すると……

	A	B	C	D	E	F
1		住みやすい	まあ住みやすい		非常に問題がある	無回答
2	日本	15	27		37	2
3	韓国	7	21		15	1

手順 2　次のように円グラフが描けます．

各カテゴリのパーセントをグラフ上に入れたいときは……

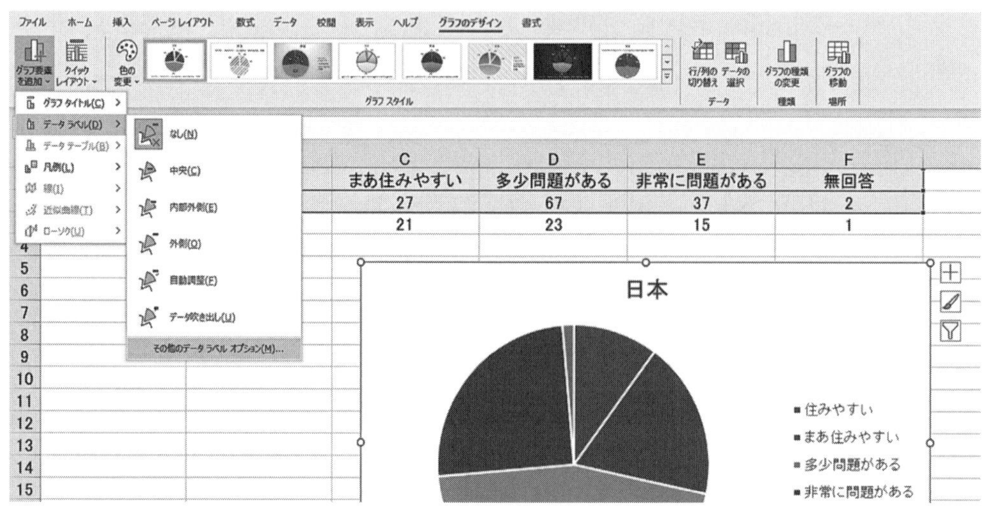

手順 3　続けて，**グラフ要素を追加** ⇨ **データラベル(D)**

⇨ **その他のデータラベルオプション(M)** をクリック．

さらに，**ラベルオプション** の中の

□ **パーセンテージ(P)** 　をチェックします．

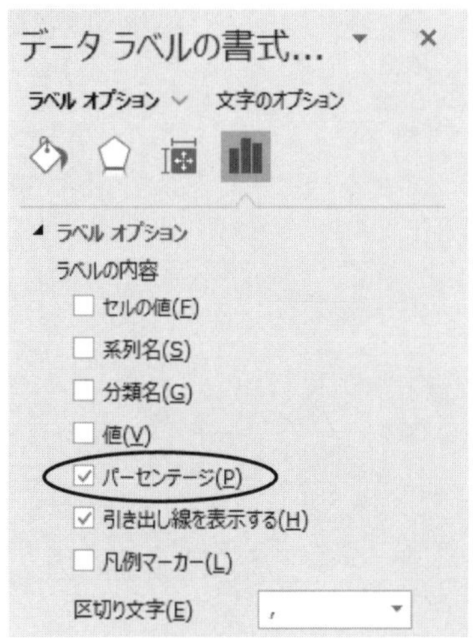

手順 4　次のような円グラフが描けました．

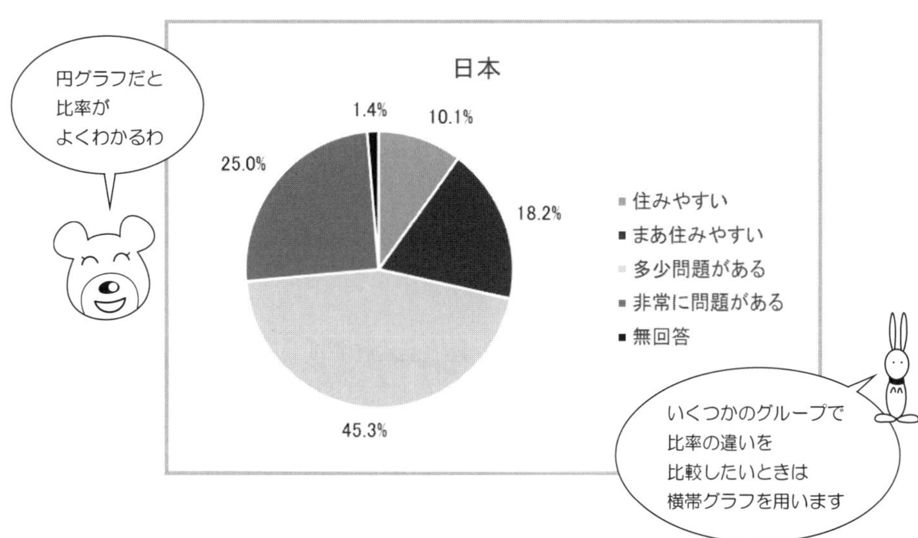

4.4 Excelによる折れ線グラフの描き方

手順 1　はじめに，折れ線グラフに使用したいデータの範囲を指定して **挿入** をクリック．**折れ線** の中の **2-D 折れ線** を選択します．

手順 2　次のように折れ線グラフが描けるので……

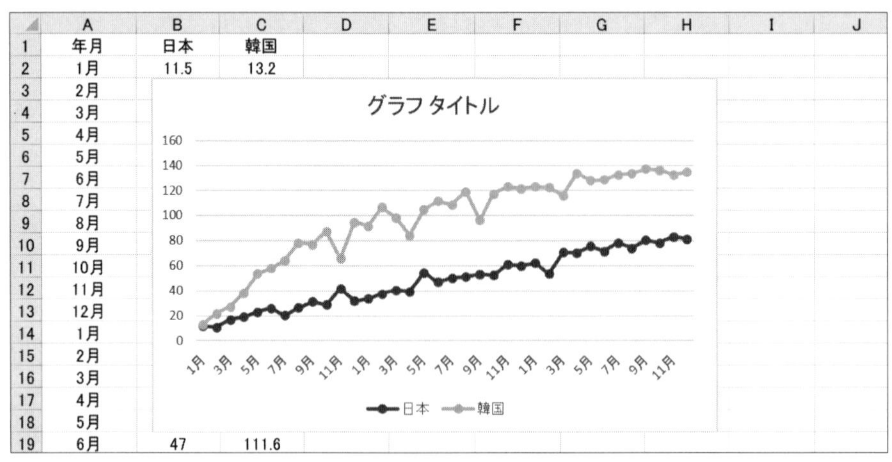

手順 3　グラフタイトルをつけて折れ線グラフを完成させましょう．

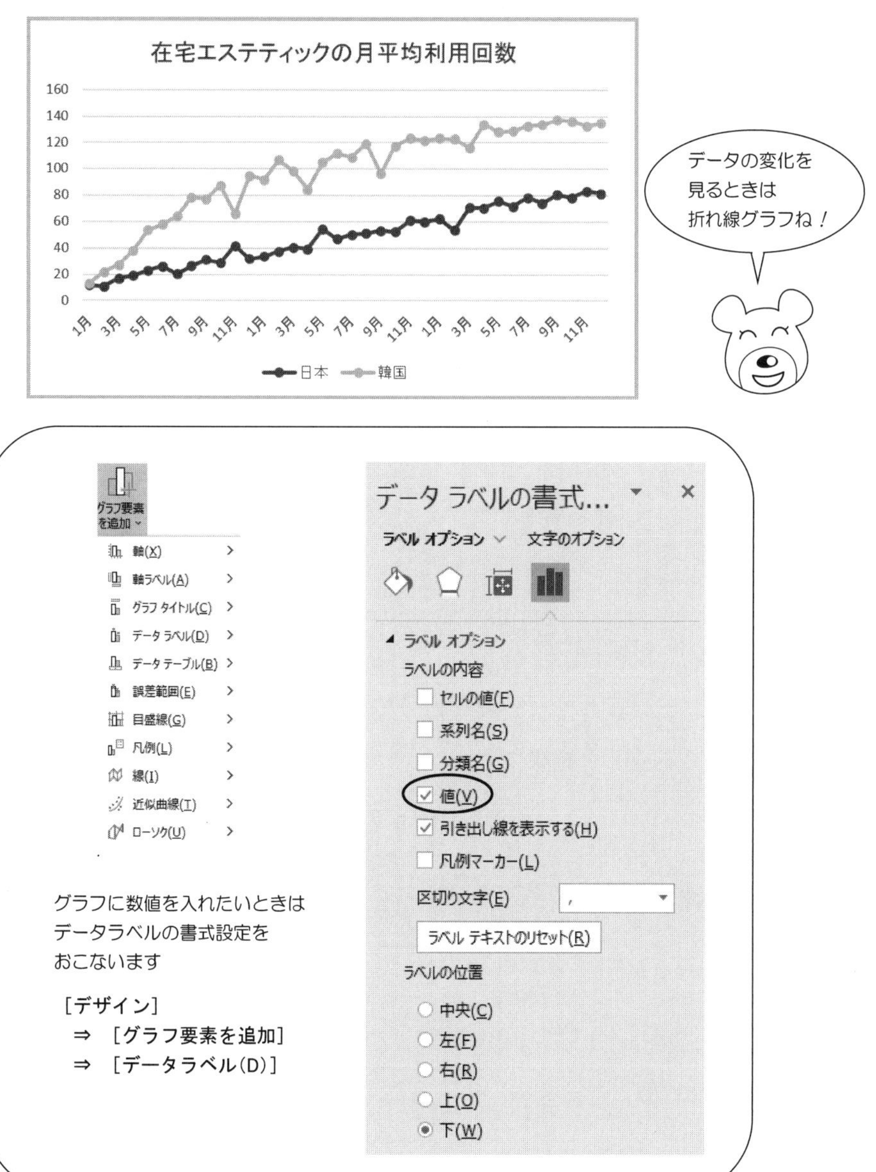

ここで，理解度をチェック！

その 1．次のデータは，介護福祉の相談にのってくれる人を職業別に調査した結果です．

介護福祉の相談にのってくれる人は？

職　業	2010 年	2020 年
医　師	391	293
保健師	17	34
看護師	135	146
管理栄養士	11	28
ホームヘルパー	123	143
介護福祉士	305	335
その他	18	21
合　計	1000	1000

その 2．次のデータは，おせち料理を自分で準備するかどうかを，年代別に調査した結果です．

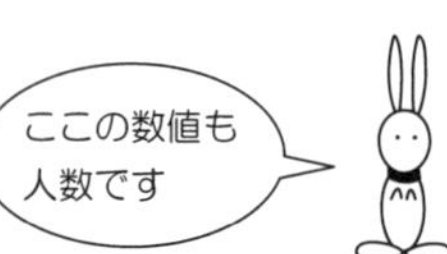

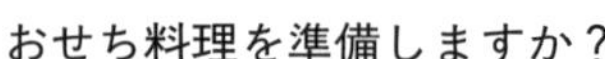
おせち料理を準備しますか？

年代	全部自分で作る	半分くらい自分で作る	ほとんど購入する	準備しない
20 代	14	31	51	104
30 代	8	47	43	102
40 代	29	78	47	46
50 代	42	69	51	38
60 代	46	93	44	17
70 代	26	72	42	60

その 3．次のデータ表は，高齢者の全人口にしめる割合を調査した結果です．

高齢者人口の割合

年	割合(%)	年	割合(%)
1950	4.9	1990	12.1
1955	5.3	1995	14.6
1960	5.7	2000	17.4
1965	6.3	2005	20.2
1970	7.1	2010	23.0
1975	7.9	2015	26.6
1980	9.1	2020	28.9
1985	10.3	2025	30.0

問 4.1　介護福祉の相談にのってくれる人の棒グラフを，描いてください．

問 4.2　おせち料理をどの程度準備するのか，年代別円グラフを描いてください．

問 4.3　高齢者の全人口にしめる割合の折れ線グラフを，描いてください．

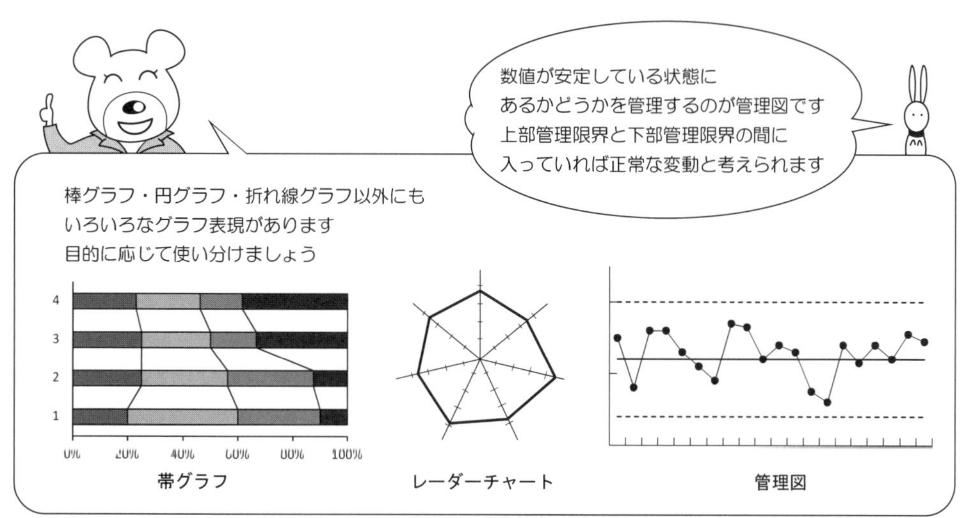

第5章 散布図と相関係数によるデータのまとめ方

5.1 散布図と相関係数

管理栄養士は悩んでいます．

そこで，20人の高齢者を対象に，起床時刻，1日当たりの食物繊維摂取量，動物性たんぱく質摂取量を調査したところ，右ページのようなデータを得ました．

知りたいことは？

- 起床時刻と食物繊維摂取量との関係をグラフで表現したい．
- 起床時刻と食物繊維摂取量との関係を数値で表現したい．

表 5.1.1　起床時刻と食物繊維・動物性たんぱく質の摂取量

調査対象者	起床時刻	食物繊維 (g)	動物性たんぱく質 (g)
1	4	9.7	21.0
2	3	9.2	17.3
3	4	12.7	18.5
4	3	11.8	19.7
5	3	16.2	21.6
6	5	5.1	19.9
7	3	6.5	25.7
8	5	7.1	24.5
9	1	15.9	11.1
10	4	5.8	21.6
11	2	10.3	18.4
12	4	4.4	24.7
13	2	12.5	27.5
14	4	7.6	12.9
15	1	17.8	14.7
16	5	3.8	19.2
17	5	6.2	25.5
18	2	9.4	17.7
19	3	8.3	22.3
20	2	13.8	13.7

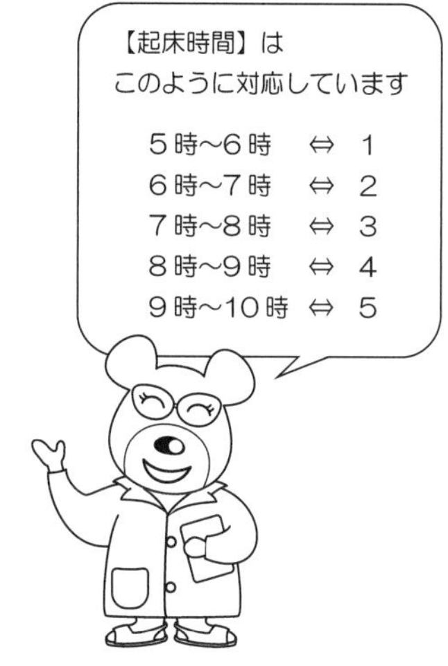

このようなときは，次の統計処理が考えられます．

統計処理 1

起床時刻を横軸，食物繊維摂取量を縦軸にとり，散布図を描く．☞ p. 60

統計処理 2

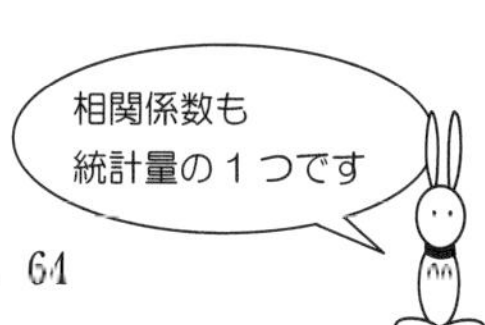

起床時刻と食物繊維摂取量の相関係数を計算する．☞ p. 62, 64

■ 散布図とは？

散布図とは，表 5.1.2 のような 2 変数 x, y のデータを平面上に表したグラフのことです．

表 5.1.2　2 変数データの型

No.	x	y
1	x_1	y_1
2	x_2	y_2
⋮	⋮	⋮
N	x_N	y_N

y
No. 1 のデータ
y_1
$(x_1\ \ y_1)$
O
x_1
x

図 5.1.1　散布図

● 散布図の表現

散布図の点の分布状態によって，正の相関とか負の相関といった表現を使います．

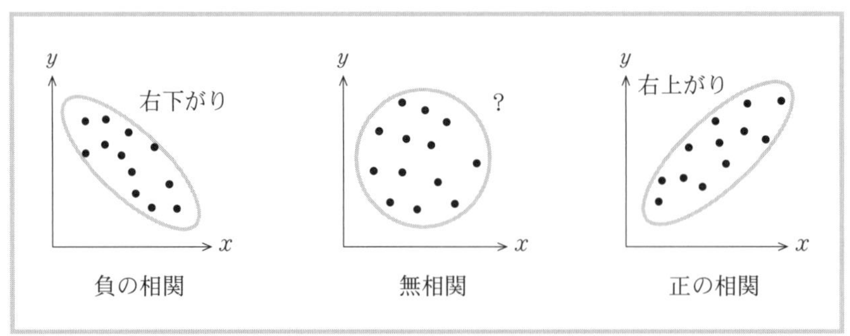

図 5.1.2　いろいろな散布図

■ 相関係数とは？

相関係数とは，表 5.1.2 のような 2 変数 x, y のデータの関係を数値で表現したものです．

相関係数は
r で表すのね

●── 相関係数の求め方

その 1　相関係数の定義式

$$r=\frac{(x_1-\bar{x})\times(y_1-\bar{y})+\cdots+(x_N-\bar{x})\times(y_N-\bar{y})}{\sqrt{(x_1-\bar{x})^2+\cdots+(x_N-\bar{x})^2}\times\sqrt{(y_1-\bar{y})^2+\cdots+(y_N-\bar{y})^2}}$$

その 2　相関係数の公式

表 5.1.3　2 変数データの統計量

No.	x	y	x^2	y^2	$x\times y$
1	x_1	y_1	${x_1}^2$	${y_1}^2$	$x_1\times y_1$
2	x_2	y_2	${x_2}^2$	${y_2}^2$	$x_2\times y_2$
⋮	⋮	⋮	⋮	⋮	⋮
N	x_N	y_N	${x_N}^2$	${y_N}^2$	$x_N\times y_N$
合計	$\sum_{i=1}^{N} x_i$	$\sum_{i=1}^{N} y_i$	$\sum_{i=1}^{N} {x_i}^2$	$\sum_{i=1}^{N} {y_i}^2$	$\sum_{i=1}^{N} x_i\times y_i$

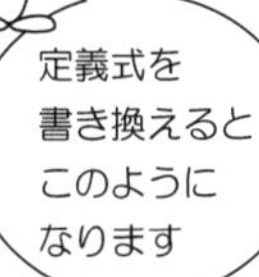

$$r=\frac{N\times\left(\sum_{i=1}^{N} x_i\times y_i\right)-\left(\sum_{i=1}^{N} x_i\right)\times\left(\sum_{i=1}^{N} y_i\right)}{\sqrt{N\times\left(\sum_{i=1}^{N} {x_i}^2\right)-\left(\sum_{i=1}^{N} x_i\right)^2}\times\sqrt{N\times\left(\sum_{i=1}^{N} {y_i}^2\right)-\left(\sum_{i=1}^{N} y_i\right)^2}}$$

その 3　Excel 関数を利用する方法

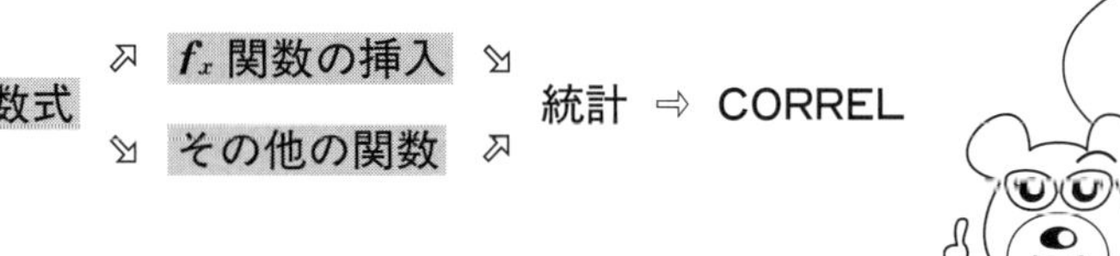

CORREL
=correlation
=相関

■ 散布図と相関係数の関係

散布図と相関係数の関係は，次のようになります．

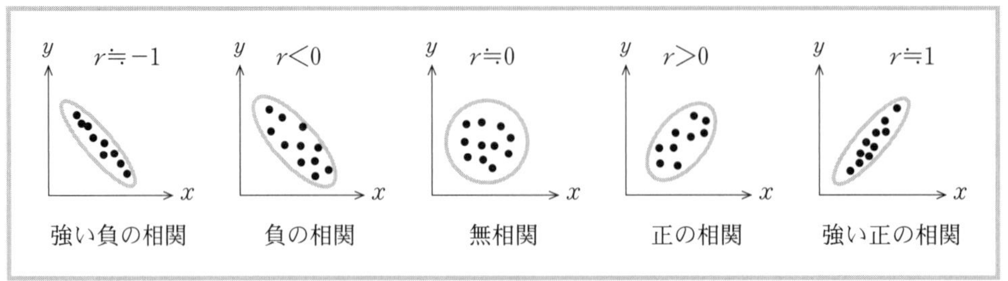

図 5.1.3　散布図と相関係数

●—— 相関係数の表現

この相関係数 r を言葉で表現するときは，次のようになります．

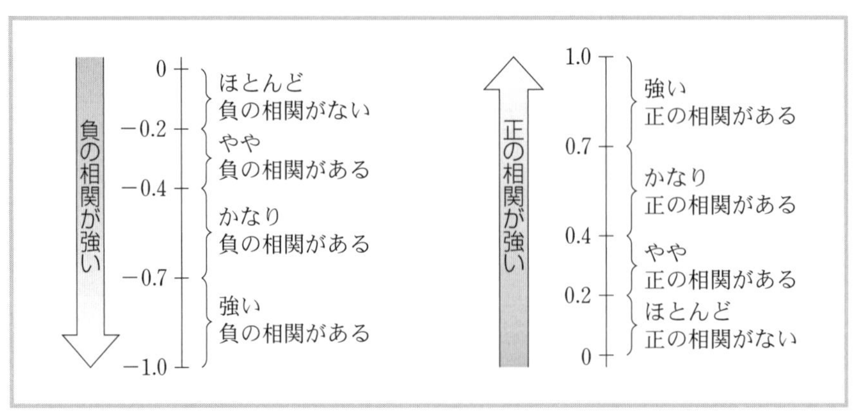

報告書に書くときは！

【散布図の場合】

『……．そこで，起床時刻と食物繊維摂取量の散布図を作成すると，次のようになりました．

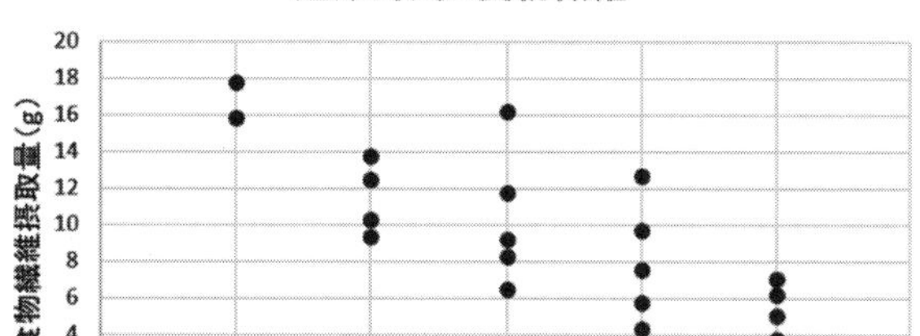

起床時刻と食物繊維摂取量の散布図

　この散布図を見ると右下がりの傾向があり，起床時刻と食物繊維摂取量の間に負の相関がみられます．』

【相関係数の場合】

『……．そこで，起床時刻と食物繊維摂取量の相関係数は $r=-0.7672$ となり，起床時刻と食物繊維摂取量の間には負の相関がみられました．

　このことから，高齢者の適切な食事の対策としては……………………………………

……………………………………………………………………………………………

……………………………　　　　　　　　　　　　　　　　　　　…………………

……………………………　　　　　　　　　　　　　　　　　　　…………………』

あなたの考えを
ここで主張しましょう

5.2 Excel による散布図の描き方

手順 1　データを入力したら，散布図で表現したいデータの範囲をドラッグしておきます．

	A	B	C	D	E	F	G
1	調査対象者	起床時間	食物繊維	動物性たんぱく質			
2	1	4	9.7	21.0			
3	2	3	9.2	17.3			
4	3	4	12.7	18.5			
5	4	3	11.8	19.7			
6	5	3	16.2	21.6			
7	6	5	5.1	19.9			
8	7	3	6.5	25.7			
9	8		7.1				
20		3	8.3	22.3			
21	20	2	13.8	13.7			
22							

起床時刻と
食物繊維摂取量の
散布図を描きます

手順 2　挿入 の中の 散布図 から，次のように選択します．

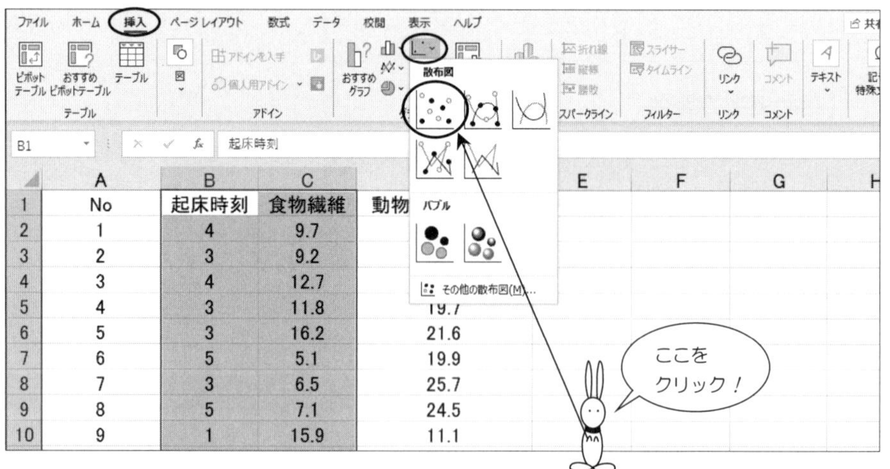

手順 3　　グラフは，次のようになりましたか？

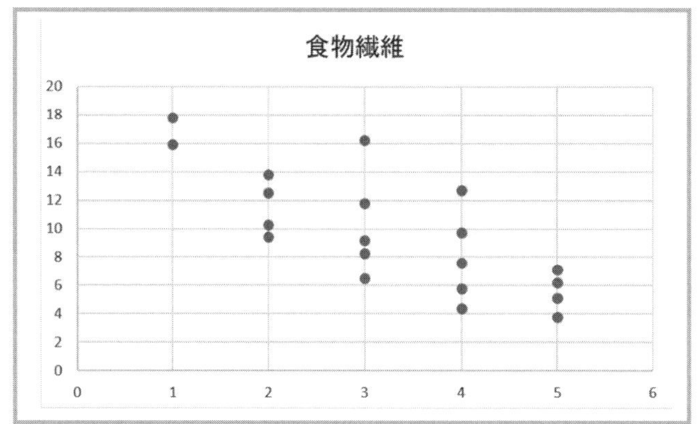

5.3 Excel 関数による相関係数の求め方

手順 1　次のようにデータを入力して，G2 のセルをクリック．

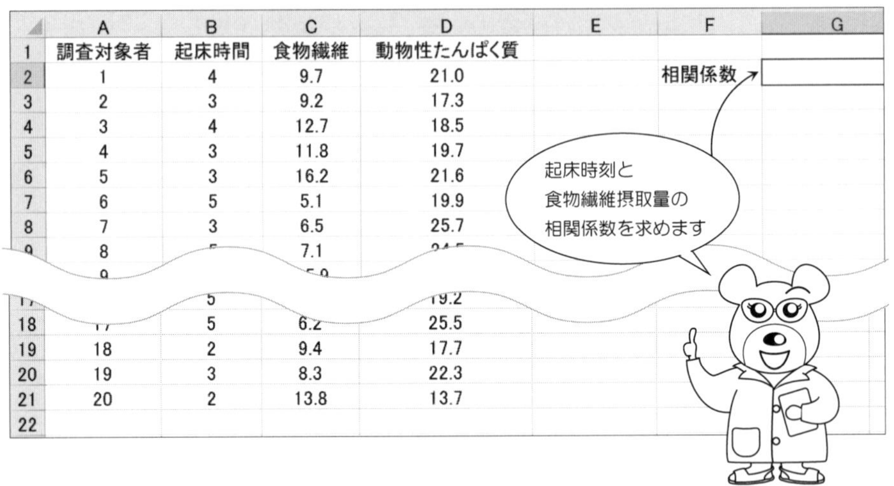

	A	B	C	D	E	F	G
1	調査対象者	起床時間	食物繊維	動物性たんぱく質			
2	1	4	9.7	21.0		相関係数	
3	2	3	9.2	17.3			
4	3	4	12.7	18.5			
5	4	3	11.8	19.7			
6	5	3	16.2	21.6			
7	6	5	5.1	19.9			
8	7	3	6.5	25.7			
9	8		7.1				
19	18	2	9.4	17.7			
20	19	3	8.3	22.3			
21	20	2	13.8	13.7			
22							

手順 2　数式 ⇨ f_x 関数の挿入 ⇨ 統計 ⇨ CORREL と選択し，OK．

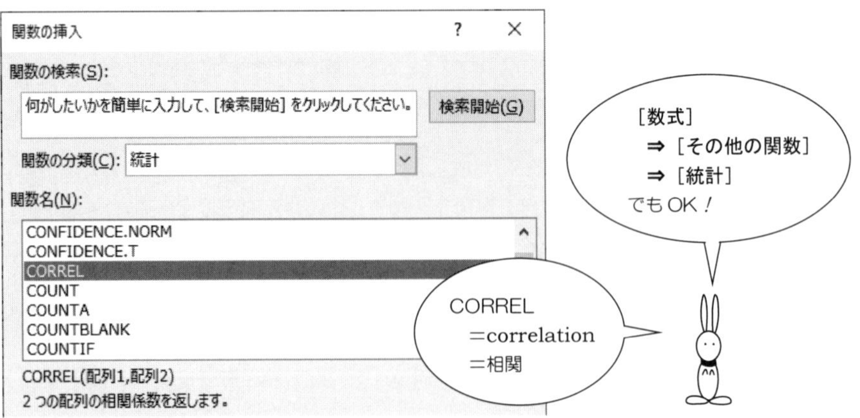

手順 3　次のように入力して，**OK** をクリック．

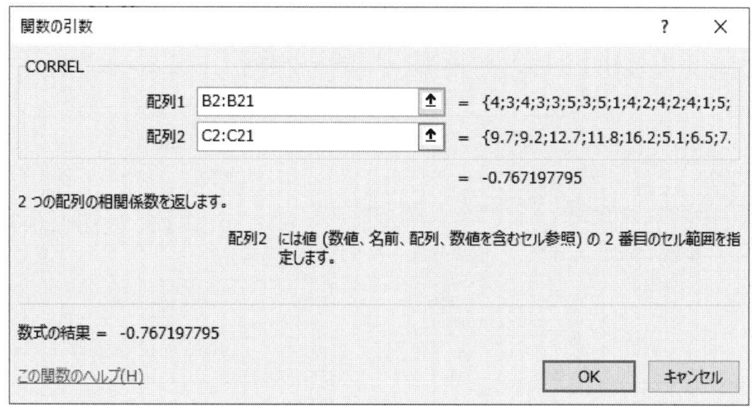

手順 4　すると，G2 のセルの値が −0.7672 となります．

	A	B	C	D	E	F	G
1	調査対象者	起床時間	食物繊維	動物性たんぱく質			
2	1	4	9.7	21.0		相関係数	−0.7672
3	2	3	9.2	17.3			
4	3	4	12.7	18.5			
5	4	3	11.8	19.7			
6	5	3	16.2	21.6			
7	6	5	5.1	19.9			
8	7	3	6.5	25.7			
9	8	5	7.1	24.5			
10	9	1	15.9	11.1			
11	10	4	5.8	21.6			
12	11	2	10.3	18.4			
13	12	4	4.4	24.7			
14	13	2	12.5	27.5			
15	14	4	7.6	12.9			
16	15	1	17.8	14.7			
17	16	5	3.8	19.2			
18	17	5	6.2	25.5			
19	18	2	9.4	17.7			
20	19	3	8.3	22.3			
21	20	2	13.8	13.7			

相関係数 r です！

あら べんり〜！

5.4 Excelの分析ツールによる相関係数の求め方

手順1　データを入力したら，**データ** ⇨ **データ分析** を選択します．

	A	B	C	D
1	調査対象者	起床時間	食物繊維	動物性たんぱく質
2	1	4	9.7	21.0
3	2	3	9.2	17.3
4	3	4	12.7	18.5
5	4	3	11.8	19.7
6	5	3	16.2	21.6
7	6	5	5.1	19.9
8	7	3	6.5	25.7
9	8	5	7.1	24.5
10	9	1	15.9	11.1
11	10	4	5.8	21.6
12	11	2	10.3	18.4
13	12	4	4.4	24.7
14	13	2	12.5	27.5
15	14	4	7.6	12.9
16	15	1	17.8	14.7
17	16	5	3.8	19.2
18	17	5	6.2	25.5
19	18	2	9.4	17.7
20	19	3	8.3	22.3
21	20	2	13.8	13.7
22				

分析ツールの読み込み方はp.17にあります

手順2　次の **分析ツール(A)** の中から **相関** を選択して，**OK**．

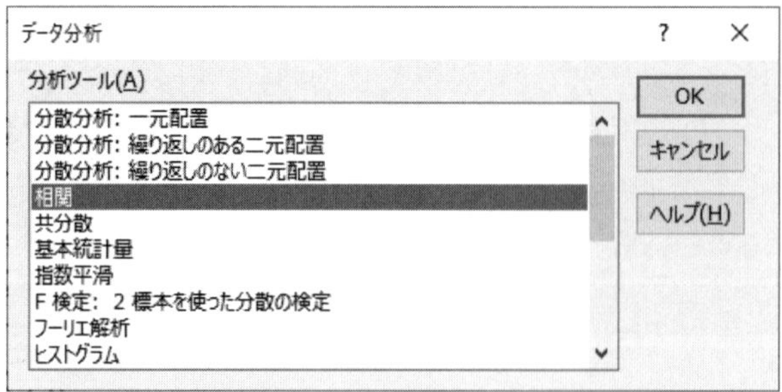

手順 3　入力範囲(I) のところに B1：C21 と入力して

□ 先頭行をラベルとして使用(L)

をチェックし，OK.

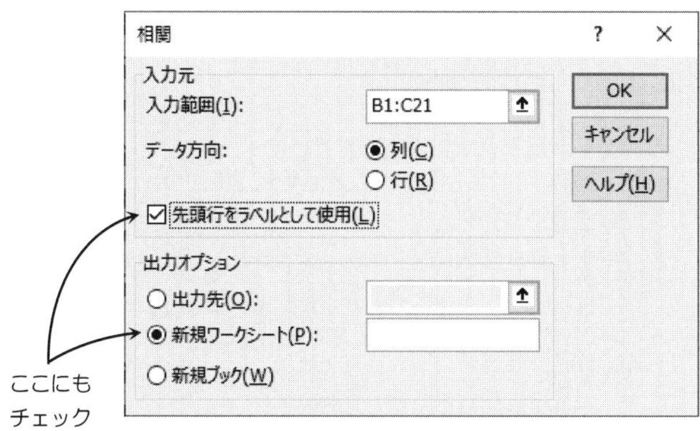

手順 4　次のように相関係数が求まりましたか？

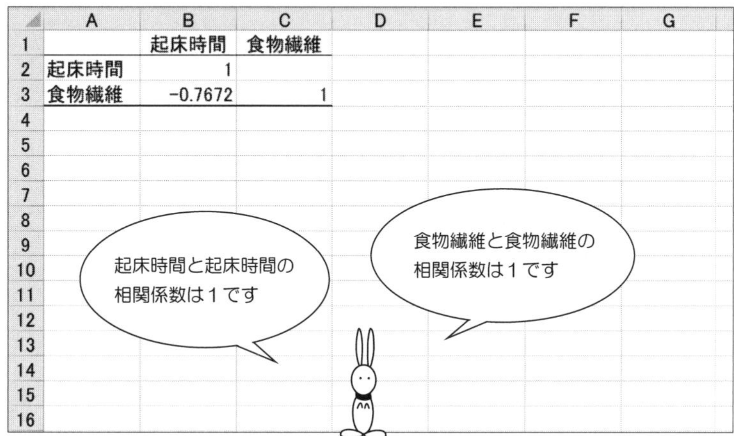

	A	B	C
1		起床時間	食物繊維
2	起床時間	1	
3	食物繊維	−0.7672	1

ちょっと得する耳より情報

●—— 共分散とは?

相関係数と密接な関係にある統計量が **共分散** です.

x と y の共分散 $s_{x\times y}$ は，次のように定義します.

$$s_{x\times y}=\frac{(x_1-\bar{x})\times(y_1-\bar{y})+\cdots+(x_N-\bar{x})\times(y_N-\bar{y})}{N-1}$$

共分散は
2つのベクトル $\boldsymbol{x}$ と $\boldsymbol{y}$ の
内積を表しています

$s_{x\times x}={s_x}^2$

$s_{y\times y}={s_y}^2$

そこで，相関係数 r の定義式を変形してみると……

$$r=\frac{(x_1-\bar{x})\times(y_1-\bar{y})+\cdots+(x_N-\bar{x})\times(y_N-\bar{y})}{\sqrt{(x_1-\bar{x})^2+\cdots+(x_N-\bar{x})^2}\times\sqrt{(y_1-\bar{y})^2+\cdots+(y_N-\bar{y})^2}}$$

$$=\frac{\dfrac{(x_1-\bar{x})\times(y_1-\bar{y})+\cdots+(x_N-\bar{x})\times(y_N-\bar{y})}{N-1}}{\sqrt{\dfrac{(x_1-\bar{x})^2+\cdots+(x_N-\bar{x})^2}{N-1}}\times\sqrt{\dfrac{(y_1-\bar{y})^2+\cdots+(y_N-\bar{y})^2}{N-1}}}$$

$$=\frac{s_{x\times y}}{\sqrt{{s_x}^2}\times\sqrt{{s_y}^2}}$$

$$=\frac{x\text{ と }y\text{ の共分散}}{\sqrt{x\text{ の分散}}\times\sqrt{y\text{ の分散}}}$$

となります!

ここで，理解度をチェック！

次のデータは，ある地域ごとに，成人女性の１日の平均摂取食品数と，人口１万人に対する死亡率について調査した結果です．

平均摂取食品数と死亡率

地域 No.	食品数	死亡率
1	8.3	15.8
2	26.7	5.3
3	13.2	17.6
4	20.1	10.4
5	10.4	18.3
6	13.6	21.7
7	24.9	10.2
8	7.1	16.3
9	18.7	5.6
10	26.4	3.5
11	26.8	7.7
12	18.1	14.8
13	23.6	11.6
14	8.2	12.4
15	28.3	6.5
16	8.6	18.1
17	29.5	5.3
18	13.7	9.1
19	29.1	4.2
20	5.8	26.4

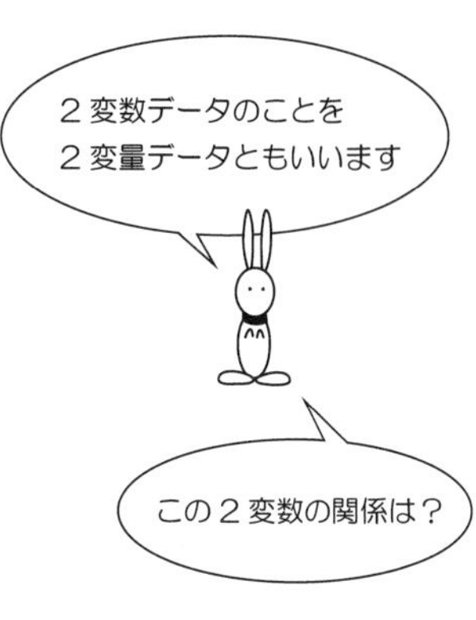

問 5.1　１日の平均摂取食品数と死亡率の散布図を描いてください．

問 5.2　１日の平均摂取食品数と死亡率の相関係数を求めてください．

第6章 回帰直線によるデータのまとめ方

6.1 回帰直線の切片と傾き

管理栄養士は悩んでいます．

そこで，在宅介護高齢者を対象として，6カ月プログラムで栄養指導を実施しました．栄養指導の前と後で，対象者の歩行数とBMIを測定したところ，右ページのようなデータを得ました．

知りたいことは？

栄養指数…独立変数 x
歩行数　…従属変数 y

- 栄養指導が歩行数に与える効果を式で表現したい．
- 栄養指導が歩行数に与える効果をグラフで表現したい．
- 栄養指導の回数から歩行数の増加を予測したい．

表 6.1.1　栄養指導前後の歩行数と BMI

調査 対象者	指導前 歩行数	指導前 BMI	栄養指導 回数	指導後 歩行数	指導後 BMI
1	1512	27.8	6	2446	22.5
2	2152	14.6	4	1983	14.3
3	1647	19.7	5	1685	20.9
4	2398	23.3	4	2357	23.5
5	2517	21.5	1	2301	22.3
6	3051	18.2	3	3153	19.5
7	425	26.0	7	857	23.1
8	1639	18.6	5	1956	19.7
9	2864	17.2	7	3457	14.4
10	1296	19.8	3	1153	19.4
11	1028	18.8	2	951	19.6
12	633	16.7	8	958	16.4
13	572	21.5	6	856	19.2
14	1359	15.8	4	1854	16.5
15	1014	19.0	6	1656	18.8
16	538	22.6	1	752	23.8
17	1164	24.0	8	1458	22.4
18	1791	22.5	2	1651	21.1
19	1465	13.6	3	1353	14.7
20	2736	20.8	8	3058	19.5

このようなときは，次の統計処理が考えられます．

統計処理 1

栄養指導 後 の歩行数と栄養指導 前 の歩行数の差をとり，
栄養指導回数と歩行数の差との回帰直線を求める． ☞ p. 72，78

統計処理 2

栄養指導回数と歩行数の差との回帰直線のグラフを描く． ☞ p. 78

統計処理 3

栄養指導回数と歩行数の差との回帰直線の式を用いて
栄養指導回数から歩行数の増加を予測する． ☞ p. 78

■ 回帰直線とは？

次のような直線のことを**回帰直線**といいます.

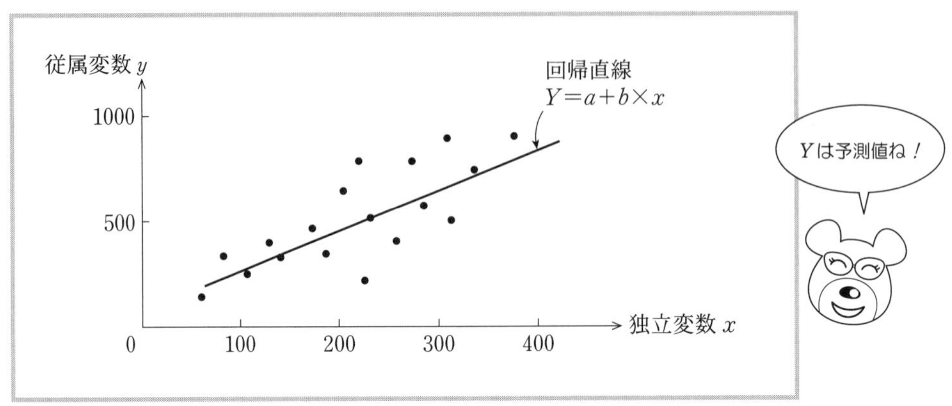

図 6.1.1　散布図と回帰直線

●—— 回帰直線 $Y=a+b\times x$ の求め方

その 1　公式を利用して回帰直線を求める方法

$$\text{傾き } b=\frac{N\times\left(\sum_{i=1}^{N}x_i\times y_i\right)-\left(\sum_{i=1}^{N}x_i\right)\times\left(\sum_{i=1}^{N}y_i\right)}{N\times\left(\sum_{i=1}^{N}{x_i}^2\right)-\left(\sum_{i=1}^{N}x_i\right)^2}$$

$$\text{切片 } a=\frac{\left(\sum_{i=1}^{N}{x_i}^2\right)\times\left(\sum_{i=1}^{N}y_i\right)-\left(\sum_{i=1}^{N}x_i\times y_i\right)\times\left(\sum_{i=1}^{N}x_i\right)}{N\times\left(\sum_{i=1}^{N}{x_i}^2\right)-\left(\sum_{i=1}^{N}x_i\right)^2}$$

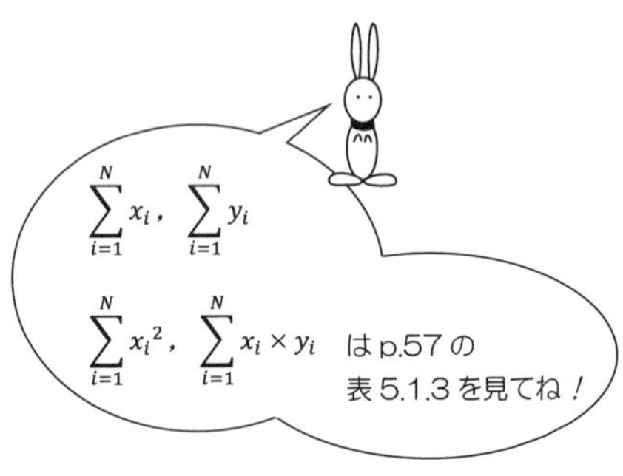

その 2　Excel 関数を利用する方法

f_x 関数の挿入 ⇨ 統計 ⇨ SLOPE, INTERCEPT

報告書に書くときは！

【回帰直線の場合】

『……．そこで，栄養指導回数を独立変数，歩行数の差を従属変数として回帰式を求めたところ，回帰式は

$$歩行数の差 = -204.384 + 87.975 \times 栄養指導回数$$

となりました．この回帰式を散布図上に描くと，次のようになります．

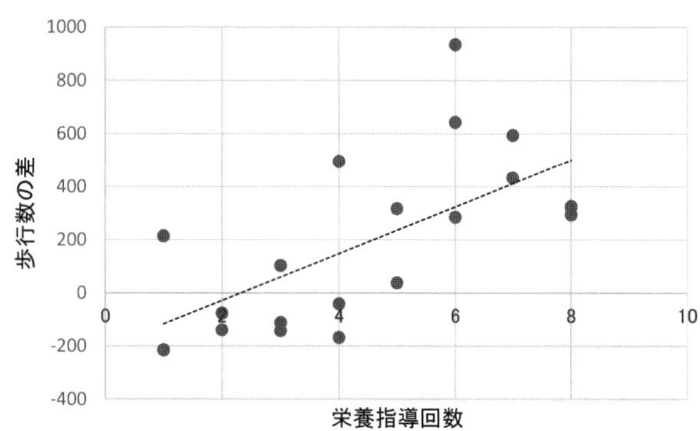

栄養指導回数と歩行数の増加

したがって，栄養指導の回数を増やすと，それにともなって歩行数が増加すると予測されます．

以上のことから，今後の栄養指導において…………………………

……………………………………………………………………………

……………………………………………………………………………

……………………………………………………………………………』

ここに
あなたの考えを
入れて下さい

6.2 Excel 関数による回帰直線の求め方

手順 1　次のようにに入力しておきます.

	A	B	C	D	E	F	G	H
1	No.	指導前歩行数	栄養指導回数	指導後歩行数	歩行数の差			
2	1	1512	6	2446				
3	2	2152	4	1983				
4	3	1647	5	1685				
5	4	2398	4	2357				
6	5	2517	1	2301				
7	6	3051	3	3153				
8	7	425	7	857				
9	8	1639	5	1956				
10	9	2864	7	3457				
11	10	1296	3	1153				
12	11	1028	2	951				
13	12	633	8	958				
14	13	572	6	856				
15	14	1359	4	1854				
16	15	1014	6	1656				
17	16	538	1	752				
18	17	1164	8	1458				
19	18	1791	2	1651				
20	19	1465	3	1353				
21	20	2736	8	3058				
22								

回帰直線の
切片と傾きを
求めます！

INTERCEPT
＝切片 a
SLOPE
＝傾き b

手順 2　E2 のセルに　＝D2－B2　と入力.

	A	B	C	D	E	F	G	H
1	No.	指導前歩行数	栄養指導回数	指導後歩行数	歩行数の差			
2	1	1512	6	2446	=D2-B2			
3	2	2152	4	1983				
4	3	1647	5	1685				
5	4	2398	4	2357				
6	5	2517	1	2301				
7	6	3051	3	3153				
8	7	425	7	857				
9	8	1639	5	1956				

手順 3　E2 のセルをコピーして，E3 から E21 まで貼り付けます．

	A	B	C	D	E	F	G	H
1	No.	指導前歩行数	栄養指導回数	指導後歩行数	歩行数の差			
2	1	1512	6	2446	934			
3	2	2152	4	1983	-169			
4	3	1647	5	1685	38			
5	4	2398	4	2357	-41			
6	5	2517	1	2301	-216			
7	6	3051	3	3153	102			
8	7	425	7	857	432			
9	8	1639	5	1956	317			
10	9	2864	7	3457	593			
11	10	1296	3	1153	-143			
12	11	1028	2	951	-77			
13	12	633	8	958	325			
14	13	572	6	856	284			
15	14	1359	4	1854	495			
16	15	1014	6	1656	642			
17	16	538	1	752	214			
18	17	1164	8	1458	294			
19	18	1791	2	1651	-140			
20	19	1465	3	1353	-112			
21	20	2736	8	3058	322			
22								

このセルを
ドラッグしても
OKです！

手順 4　次のように，**切片** と **傾き** を入力します．

	A	B	C	D	E	F	G	H
1	No.	指導前歩行数	栄養指導回数	指導後歩行数	歩行数の差			
2	1	1512	6	2446	934		切片	
3	2	2152	4	1983	-169			
4	3	1647	5	1685	38		傾き	
5	4	2398	4	2357	-41			
6	5	2517	1	2301	-216			
7	6	3051	3	3153	102			
8	7	425	7	857	432			
9	8	1639	5	1956	317			
10	9	2864	7	3457	593			
11	10	1296	3	1153	-143			
12	11	1028	2	951	-77			
13	12	633	8	958	325			
14	13	572	6	856	284			
15	14	1359	4	1854	495			
16	15	1014	6	1656	642			

手順 5　切片を求めるために，H2 のセルをクリックして……

	A	B	C	D	E	F	G	H
1	No.	指導前歩行数	栄養指導回数	指導後歩行数	歩行数の差			
2	1	1512	6	2446	934		切片	
3	2	2152	4	1983	-169			
4	3	1647	5	1685	38		傾き	
5	4	2398	4	2357	-41			
6	5	2517	1	2301	-216			
7	6	3051	3	3153	102			
8	7	425	7	857	432			
9	8	1639	5	1956	317			
10	9	2864	7	3457	593			
11	10	1296	3	1153	-143			
12	11	1028	2	951	-77			
13	12	633	8	958	325			
14	13	572	6	856	284			
15	14	1359	4	1854	495			
16	15	1014	6	1656	642			
17	16	538	1	752	214			

手順 6　数式 ⇨ f_x 関数の挿入 ⇨ 統計 ⇨ INTERCEPT を選択して

OK をクリックします．

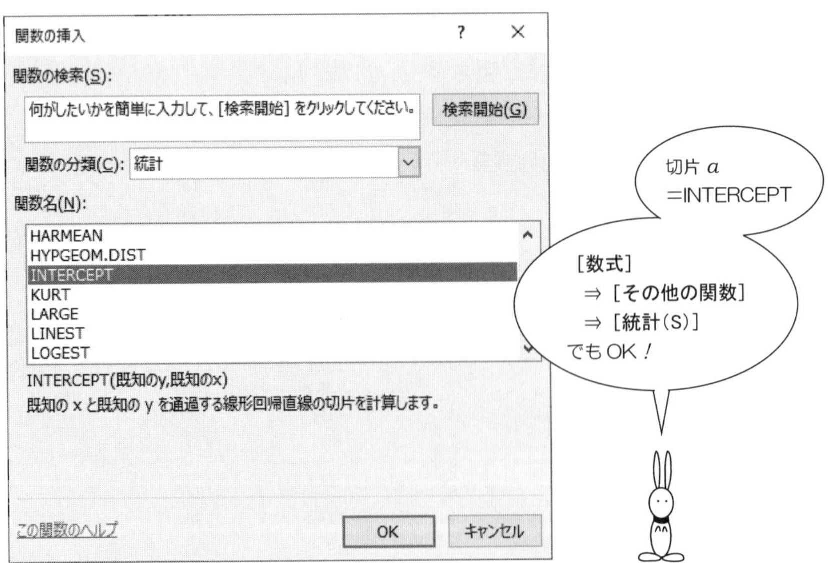

手順 7　既知の y のところへ E2：E21 と入力．

既知の x のところへ C2：C21 と入力し，OK．

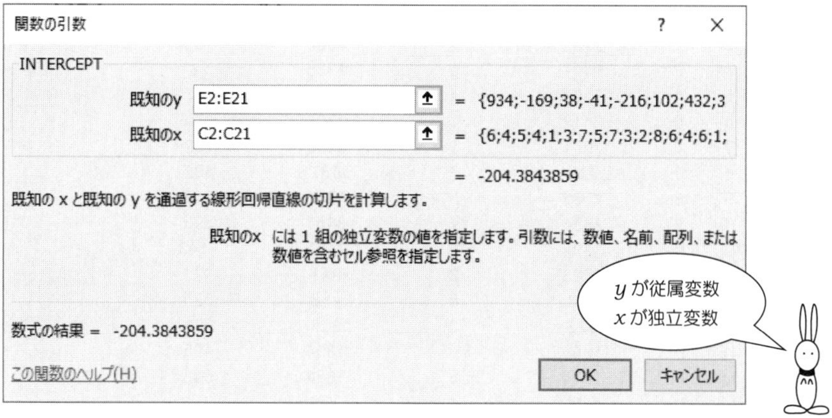

関数の引数　?　×

INTERCEPT

既知のy　E2:E21　= {934;-169;38;-41;-216;102;432;3

既知のx　C2:C21　= {6;4;5;4;1;3;7;5;7;3;2;8;6;4;6;1;

= -204.3843859

既知の x と既知の y を通過する線形回帰直線の切片を計算します。

既知のx　には 1 組の独立変数の値を指定します。引数には、数値、名前、配列、または数値を含むセル参照を指定します。

数式の結果 = -204.3843859

この関数のヘルプ(H)　OK　キャンセル

y が従属変数
x が独立変数

手順 8　次のように切片 a が求まりましたか？

	A	B	C	D	E	F	G	H	I
1	No.	指導前歩行数	栄養指導回数	指導後歩行数	歩行数の差				
2	1	1512	6	2446	934		切片	-204.384	
3	2	2152	4	1983	-169				
4	3	1647	5	1685	38		傾き		
5	4	2398	4	2357	-41				
6	5	2517	1	2301	-216				
7	6	3051	3	3153	102				
8	7	425	7	857	432				
9	8	1639	5	1956	317				
10	9	2864	7	3457	593				
11	10	1296	3	1153	-143				
12	11	1028	2	951	-77				
13	12	633	8	958	325				
14	13	572	6	856	284				
15	14	1359	4	1854	495				
16	15	1014	6	1656	642				
17	16	538	1	752	214				
18	17	1164	8	1458	294				
19	18	1791	2	1651	-140				
20	19	1465	3	1353	-112				
21	20	2736	8	3058	322				
22									

手順 9　続いて，傾きを計算するために，H4 のセルをクリック．

	A	B	C	D	E	F	G	H
1	No.	指導前歩行数	栄養指導回数	指導後歩行数	歩行数の差			
2	1	1512	6	2446	934		切片	-204.384
3	2	2152	4	1983	-169			
4	3	1647	5	1685	38		傾き	
5	4	2398	4	2357	-41			
6	5	2517	1	2301	-216			
7	6	3051	3	3153	102			
8	7	425	7	857	432			
9	8	1639	5	1956	317			
10	9	2864	7	3457	593			
11	10	1296	3	1153	-143			
12	11	1028	2	951	-77			
13	12	633	8	958	325			
14	13	572	6	856	284			
15	14	1359	4	1854	495			
16	15	1014	6	1656	642			
17	16	538	1	752	214			

手順 10　数式 ⇨ f_x 関数の挿入 ⇨ 統計 ⇨ SLOPE と選択して

OK をクリックします．

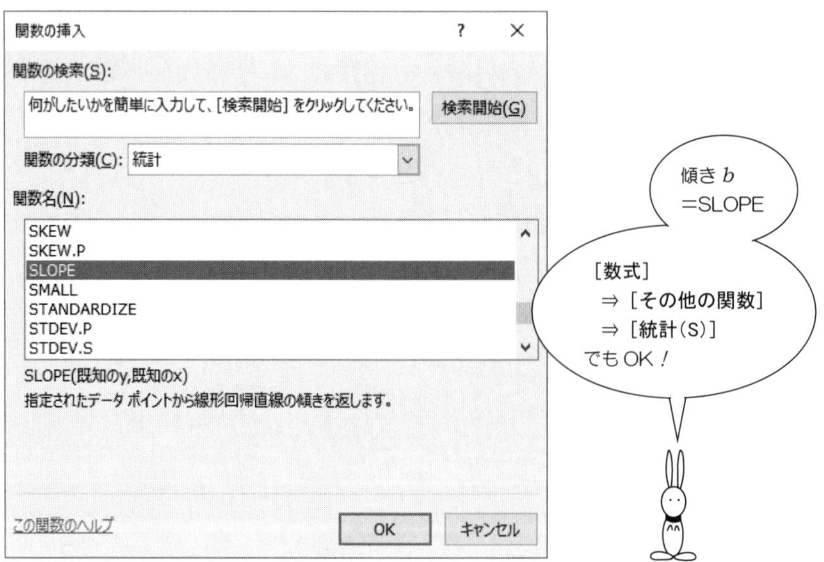

手順 11　既知の y に E2：E21と入力．

既知の x に C2：C21と入力し， OK ．

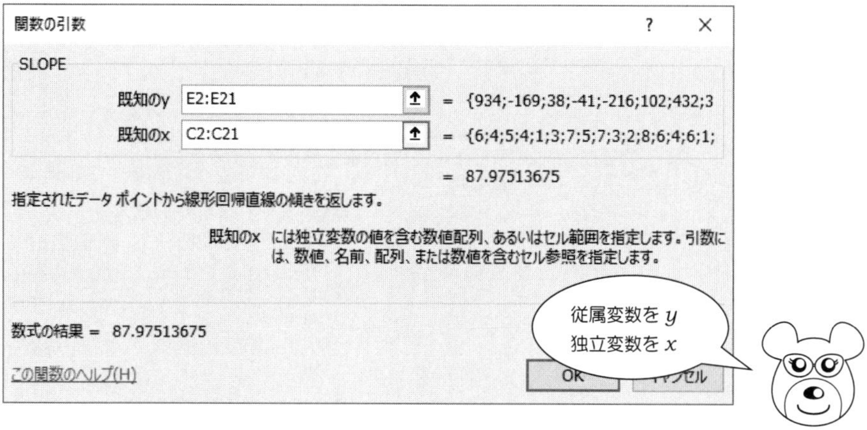

関数の引数

SLOPE

既知のy　E2:E21　= {934;-169;38;-41;-216;102;432;3

既知のx　C2:C21　= {6;4;5;4;1;3;7;5;7;3;2;8;6;4;6;1;

= 87.97513675

指定されたデータ ポイントから線形回帰直線の傾きを返します。

既知のx　には独立変数の値を含む数値配列、あるいはセル範囲を指定します。引数には、数値、名前、配列、または数値を含むセル参照を指定します。

数式の結果 = 87.97513675

この関数のヘルプ(H)

OK　キャンセル

従属変数を y
独立変数を x

手順 12　次のように傾き b が求まりましたか？

	A	B	C	D	E	F	G	H
1	No.	指導前歩行数	栄養指導回数	指導後歩行数	歩行数の差			
2	1	1512	6	2446	934		切片	-204.384
3	2	2152	4	1983	-169			
4	3	1647	5	1685	38		傾き	87.975
5	4	2398	4	2357	-41			
6	5	2517	1	2301	-216			
7	6	3051	3	3153	102			
8	7	425	7	857	432			
9	8	1639	5	1956	317			
10	9	2864	7	3457	593			
11	10	1296	3	1153	-143			
12	11	1028	2	951	-77			
13	12	633	8	958	325			
14	13	572	6	856	284			
15	14	1359	4	1854	495			
16	15	1014	6	1656	642			
17	16	538	1	752	214			
18	17	1164	8	1458	294			
19	18	1791	2	1651	-140			
20	19	1465	3	1353	-112			
21	20	2736	8	3058	322			
22								

6.3 Excelの近似曲線による回帰直線の求め方

手順 1　次のようにデータの範囲を指定します．

	A	B	C	D	E	F	G	H
1	No.	指導前歩行数	栄養指導回数	指導後歩行数	歩行数の差			
2	1	1512	6	2446	934			
3	2	2152	4	1983	-169			
4	3	1647	5	1685	38			
5	4	2398	4	2357	-41			
6	5	2517	1	2301	-216			
7	6	3051	3	3153	102			
8	7	425	7	857	432			
9	8	1639	5	1956	317			
10	9	2864	7	3457	593			
11	10	1296	3	1153	-143			
12	11	1028	2	951	-77			
13	12	633	8	958	325			
14	13	572	6	856	284			
15	14	1359	4	1854	495			
16	15	1014	6	1656	642			
17	16	538	1	752	214			
18	17	1164	8	1458	294			
19	18	1791	2	1651	-140			
20	19	1465	3	1353	-112			
21	20	2736	8	3058	322			
22								

忙しい
管理栄養士としては
切片と傾きを一度に
求めたいものです！

Ctrl キーを
押しながら範囲を
選択しました

手順 2　はじめに，散布図を描いておきます．

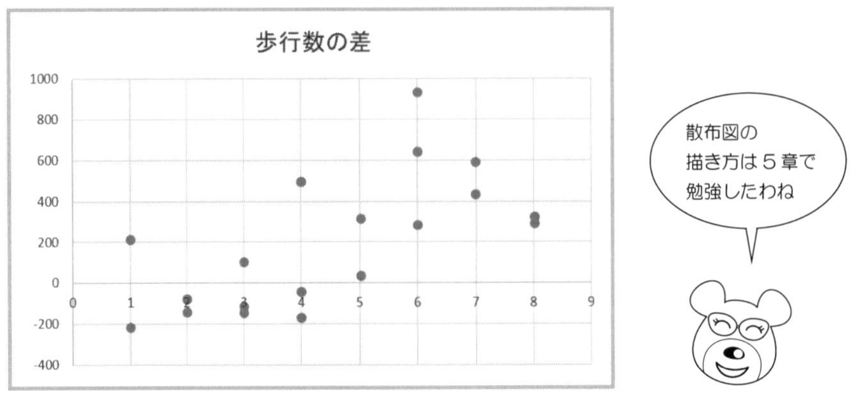

手順 3　次に，**グラフ要素を追加** から **近似曲線(T)** ⇨ **その他の近似曲線オプション(M)** を選択して……

	…数	栄養指導回数	指導後歩行数	歩行数の差
		6	2446	934
		4	1983	−169
		5	1685	38
		4	2357	−41
			2301	−216
			3153	102
8	425		857	432
9	1639		1956	317
10	2864		3457	593
11	1296		1153	−143
12	1028		951	−77
13	633		958	325
14	572	6	856	284
15	1359	4	1854	495
16	1014	6	1656	642
17	538	1	752	214
18	1164	8	1458	294
19	1791	2	1651	−140
20	1465	3	1353	−112

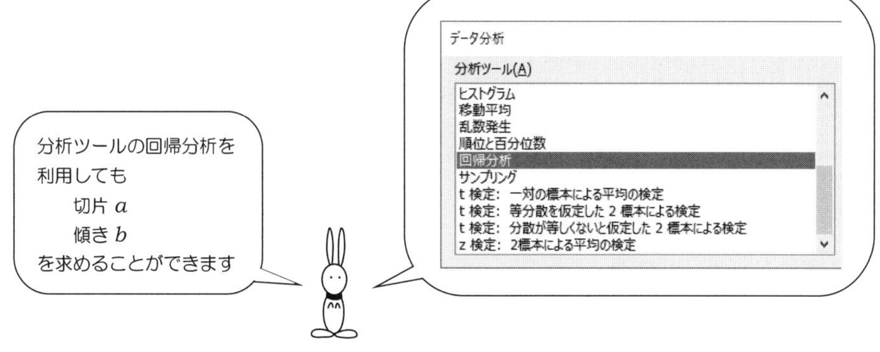

手順 4　次のようにチェックをすると……

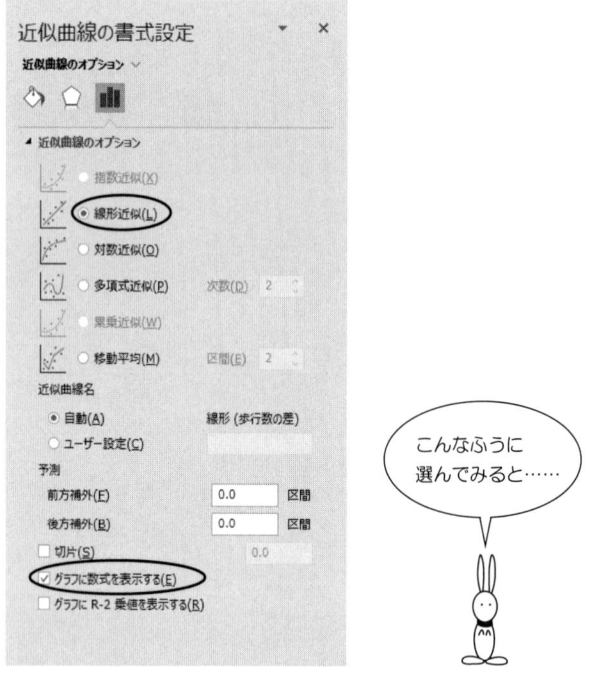

手順 5　散布図の上に，回帰直線と回帰式が現れます．

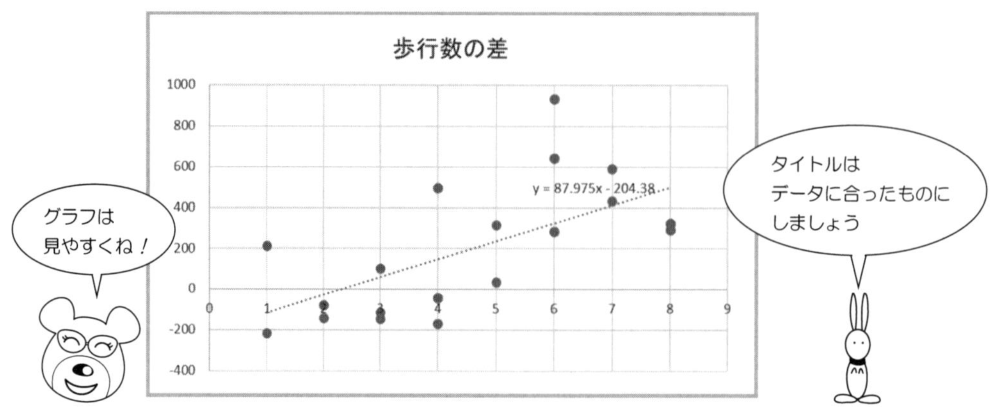

ここで，理解度をチェック！

次のデータは，20 人の調査対象者に対しておこなった
1 週間の赤ワイン摂取量と 1 週間後の収縮期血圧を調査した結果です．

赤ワイン摂取量と 1 週間後の収縮期血圧

調査対象者	赤ワイン摂取量 (ml)	収縮期血圧 (mmHg)	調査対象者	赤ワイン摂取量 (ml)	収縮期血圧 (mmHg)
1	237	183	11	601	169
2	761	139	12	718	178
3	502	192	13	546	189
4	336	191	14	622	174
5	478	167	15	625	156
6	897	136	16	757	171
7	1283	132	17	1041	149
8	861	125	18	934	172
9	744	148	19	842	141
10	1341	103	20	1150	159

問 6.1　赤ワイン摂取量を独立変数にとり，収縮期血圧を従属変数として，回帰直線を求めてください．

問 6.2　赤ワイン摂取量を独立変数，収縮期血圧を従属変数として，回帰直線のグラフを描いてください．

問 6.3　赤ワインを 1000 ml 飲んだときの収縮期血圧を予測してください．

第7章 クロス集計表によるデータのまとめ方 (1)

7.1 オッズとオッズ比

介護福祉士は，こんな話を耳にしました．

韓国の農村部では
腰痛に苦しむ高齢者が
少ないそうだけど……

そこで，さっそく，日本と韓国における腰痛に関するアンケート調査をおこなったところ，次のようなデータを得ました．

表 7.1.1　日本と韓国における腰痛に関するアンケート調査

日本の農村部（人）

	腰痛あり	腰痛なし
女　性	45	5
男　性	33	17

日本の都市部（人）

	腰痛あり	腰痛なし
女　性	36	14
男　性	27	23

韓国の農村部（人）

	腰痛あり	腰痛なし
女　性	13	37
男　性	6	44

韓国の都市部（人）

	腰痛あり	腰痛なし
女　性	18	32
男　性	24	26

知りたいことは?

- 日本と韓国の農村部における腰痛の有無を比較したい.
- 日本と韓国の都市部における腰痛の有無を比較したい.
- 日本と韓国における女性の腰痛の有無を比較したい.

このようなときは，次の統計処理が考えられます.

統計処理 1

日本と韓国の農村部における腰痛の有無に関する
2×2 クロス集計表を作成し，ステレオグラムを描く. ☞ p. 89

統計処理 2

日本と韓国の農村部における腰痛の有無に関する
2×2 クロス集計表を作成し，オッズ比を計算する. ☞ p. 91

■ オッズとは？

オッズとは

$$\begin{cases} p = \text{出来事 A が起こる確率} \\ 1-p = \text{出来事 A が起こらない確率} \end{cases}$$

としたときの比

$$\frac{p}{1-p}$$

のことです．

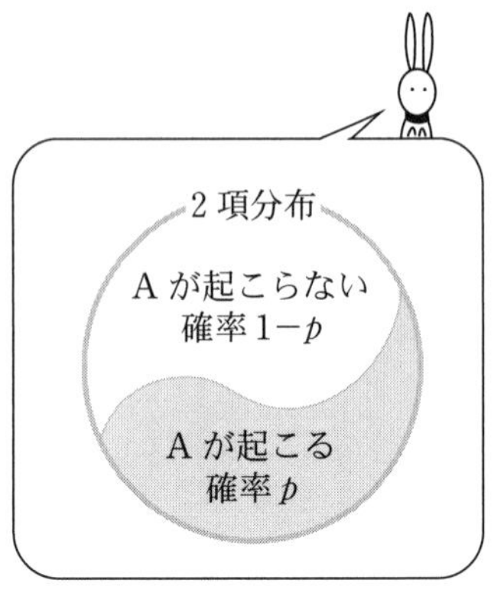

●── オッズの意味

“オッズ”とは何を表現しているのでしょうか？

そこで，オッズ＝1 の場合を考えてみましょう．

$$\text{オッズ}=1 \quad \Rightarrow \quad \frac{p}{1-p}=1$$

$$\Rightarrow \quad p=1-p$$

$$\Rightarrow \quad 2\times p=1$$

$$\Rightarrow \quad p=\frac{1}{2}$$

つまり，オッズ＝1 とは

“出来事 A が起こる確率 p は $\frac{1}{2}$ である”

ということですね．

次に，オッズ＝2 の場合はどうでしょうか？

$$\text{オッズ}=2 \quad \Rightarrow \quad \frac{p}{1-p}=2$$

$$\Rightarrow \quad p=2\times(1-p)$$

$$\Rightarrow \quad 3\times p=2$$

$$\Rightarrow \quad p=\frac{2}{3}$$

つまり，オッズが 2 とは

“出来事 A が起こる確率 p は $\frac{2}{3}$ である”

となります．

オッズと確率の関係は，次の図のようになります．

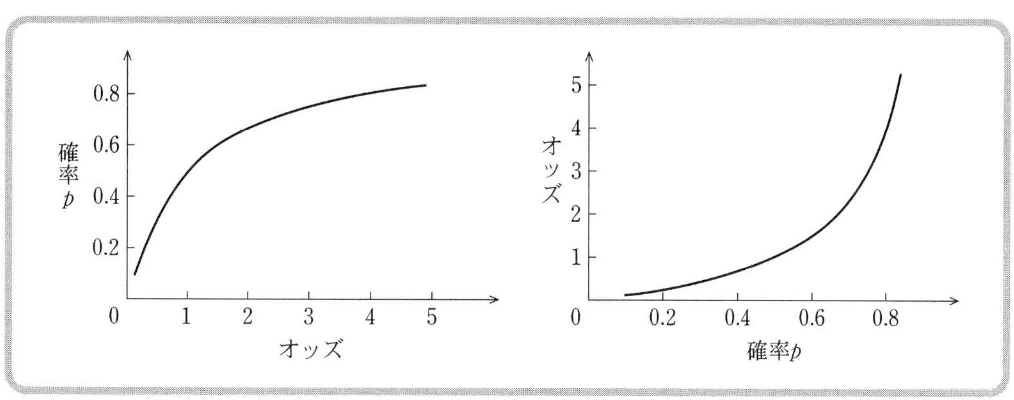

図 7.1.1　オッズと確率 p の関係

つまり，オッズが大きくなれば，出来事 A の起こる確率も高くなります．

そこで，出来事 A を発病と考えれば，オッズは

“リスク”

を表現していると考えられます‼

■オッズ比とは?

$$\begin{cases} \text{出来事 A の起こる確率を } p \\ \text{出来事 B の起こる確率を } q \end{cases}$$

としたとき

$$\text{オッズ比} = \frac{p \times (1-q)}{q \times (1-p)}$$

を，**オッズ比**といいます．

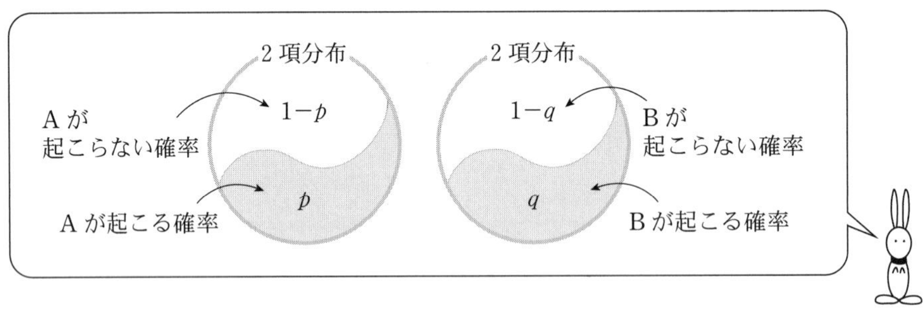

出来事 A と出来事 B について

$$\begin{cases} \text{出来事 A のオッズが} \quad \dfrac{p}{1-p} \\ \text{出来事 B のオッズが} \quad \dfrac{q}{1-q} \end{cases}$$

なので，2 つのオッズの比をとると

$$\frac{\text{A のオッズ}}{\text{B のオッズ}} = \frac{\dfrac{p}{1-p}}{\dfrac{q}{1-q}} = \frac{p \times (1-q)}{q \times (1-p)} = \text{オッズ比}$$

となります．

●—— オッズ比の意味

そこで，オッズ比を1にしてみましょう．

$$\text{オッズ比} = \frac{p \times (1-q)}{q \times (1-p)} = 1$$

この式を変形すると

$$p \times (1-q) = q \times (1-p)$$

$$p = q$$

となります．

つまり，オッズ比が1ということは

“出来事Aの起こる確率 p＝出来事Bの起こる確率 q”

ということですね！

●—— オッズ比の表現

オッズ比を用いると，次のような表現をすることができます．

$$\begin{cases} \text{赤ワインの嫌いな人が胃潰瘍になる確率} = 0.24 \\ \text{赤ワインの好きな人が胃潰瘍になる確率} = 0.12 \end{cases}$$

とします．このとき，

$$\text{オッズ比} \quad \frac{0.24 \times (1-0.12)}{0.12 \times (1-0.24)} = 2.32$$

となるので……

“赤ワインの嫌いな人は赤ワインの好きな人に比べて
胃潰瘍になる**リスク**は約2.3倍である”

報告書に書くときは！

【クロス集計表の場合】

『……. そこで，日本と韓国の農村部における腰痛の有無を比較するために，次のようなクロス集計表からオッズ比を計算しました．

日本と韓国における腰痛の有無

女性と男性の合計だよ！

農村部の腰痛

	あり	なし
日　本	78 人	22 人
韓　国	19 人	81 人
オッズ比	15.115	

都市部の腰痛

	あり	なし
日　本	63 人	37 人
韓　国	42 人	58 人
オッズ比	2.351	

農村部では，日本は韓国に比べ腰痛になるリスクは 15.11 倍もあることがわかります．これは，韓国の農村部ではオンドル（伝統的な床暖房）を利用している家が多く，このことが腰痛にならない大きな理由と考えられています．

これに対し，都市部では日本の方が韓国より腰痛になるリスクが 2.35 倍になっています．

以上のことから，今後の腰痛の予防として ……………………………………

……………………………………………………………………………………

あなたの考えを主張するチャンスです！

……………………………………………………………………………………』

7.2 Excelによるステレオグラムの描き方

手順 1　データを入力したら，次のようにグラフ表現したい部分を指定します．

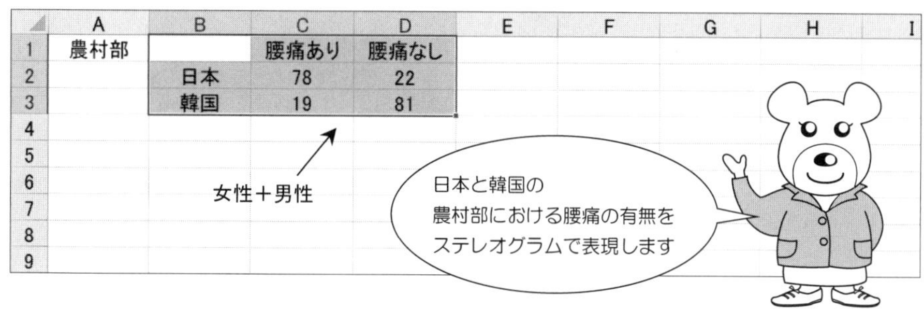

手順 2　挿入 ⇨ 縦棒 を選択． 3-D 縦棒 から，次の図を選ぶと……

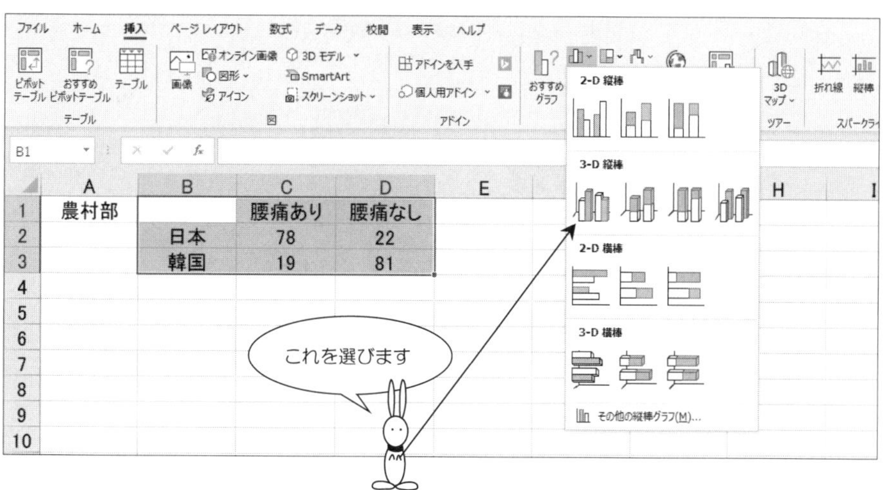

手順 3　ステレオグラムができあがります.

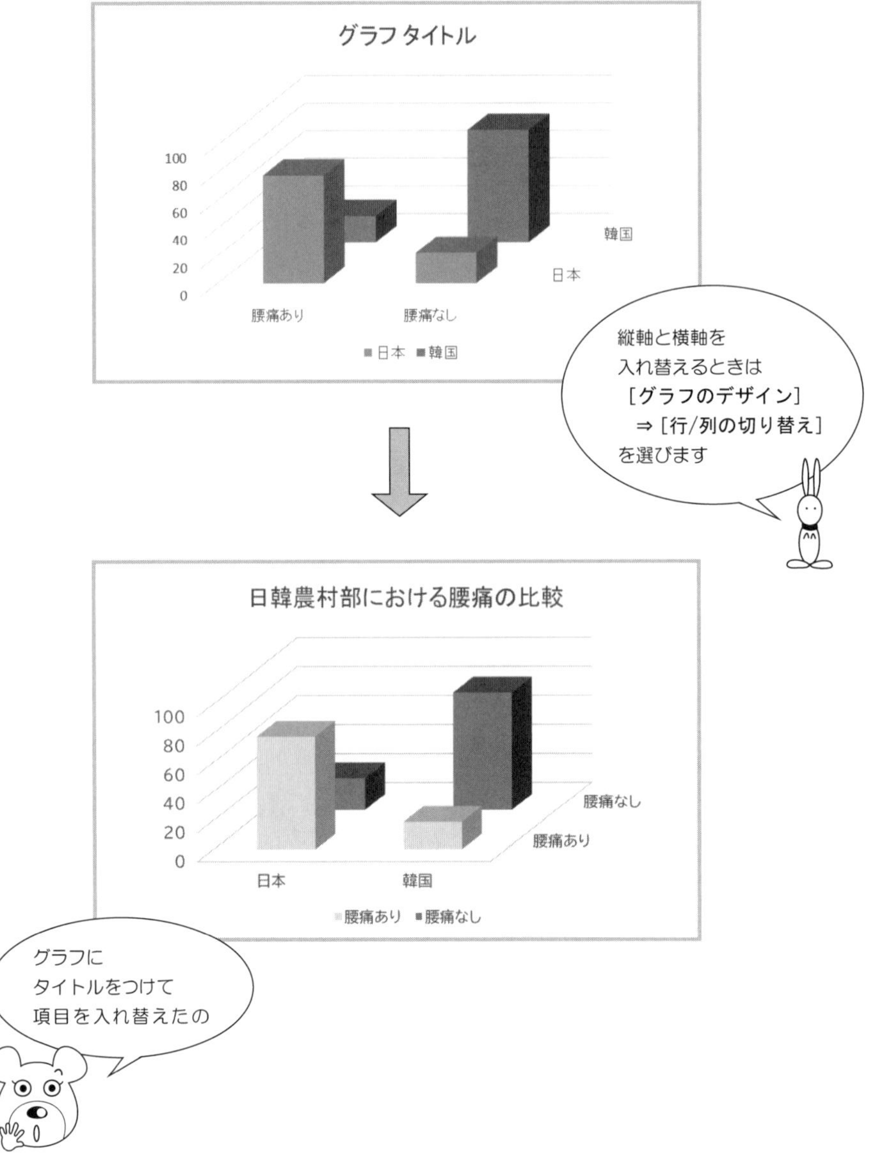

7.3 Excelによるオッズ比の求め方

2×2クロス集計表のオッズ比は，次のように計算します．

表7.3.1 2×2クロス集計表

	B_1	B_2
A_1	a	b
A_2	c	d

⇨ オッズ比$=\dfrac{a\times d}{b\times c}$

$$p=\frac{a}{a+b} \qquad 1-p=\frac{b}{a+b}$$
$$q=\frac{c}{c+d} \qquad 1-q=\frac{d}{c+d}$$

のとき

$$\frac{p\times(1-q)}{q\times(1-p)}=\frac{\dfrac{a}{a+b}\times\dfrac{d}{c+d}}{\dfrac{c}{c+d}\times\dfrac{b}{a+b}}$$

手順1 オッズ比を計算するために，次のように入力しておきます．

	A	B	C	D	E	F	G	H	I
1	農村部		腰痛あり	腰痛なし					
2		日本	78	22					
3		韓国	19	81					
4									
5		オッズ比							
6									
7									
8									
9									
10									

このデータの単位は“人”です

手順 2　C5 のセルに

$$=(\mathrm{C2} * \mathrm{D3})/(\mathrm{D2} * \mathrm{C3})$$

と入力します．

	A	B	C	D	E	F	G	H	I
1	農村部		腰痛あり	腰痛なし					
2		日本	78	22					
3		韓国	19	81					
4									
5		オッズ比	=(C2*D3)/(D2*C3)						
6									
7									
8									
9									

手順 3　次のようにオッズ比が求まりましたか？

	A	B	C	D	E	F	G	H	I
1	農村部		腰痛あり	腰痛なし					
2		日本	78	22					
3		韓国	19	81					
4									
5		オッズ比	15.115						
6									
7									
8									
9									

ここで，理解度をチェック！

次のデータは，日本と韓国において，女性と男性の炊事への参加状況に関するアンケート調査をおこなった結果です．

炊事への参加状況に関するアンケート調査

日本の都市部（人）

	炊事をする	炊事をしない
女　性	29	21
男　性	18	32

日本の農村部（人）

	炊事をする	炊事をしない
女　性	35	15
男　性	10	40

韓国の都市部（人）

	炊事をする	炊事をしない
女　性	42	8
男　性	15	35

韓国の農村部（人）

	炊事をする	炊事をしない
女　性	45	5
男　性	5	45

問 7.1　日本と韓国の都市部において，「女性/男性」と「炊事をする/しない」のステレオグラムを描いてください．

問 7.2　日本と韓国の都市部において，「女性/男性」と「炊事をする/しない」のオッズ比を求めてください．

第8章 確率分布とその数表の作り方

8.1 役に立つ確率分布

介護福祉士と管理栄養士の2人は，ヒストグラムをながめているうちに確率分布の勉強もしなければならないことに気づきました．

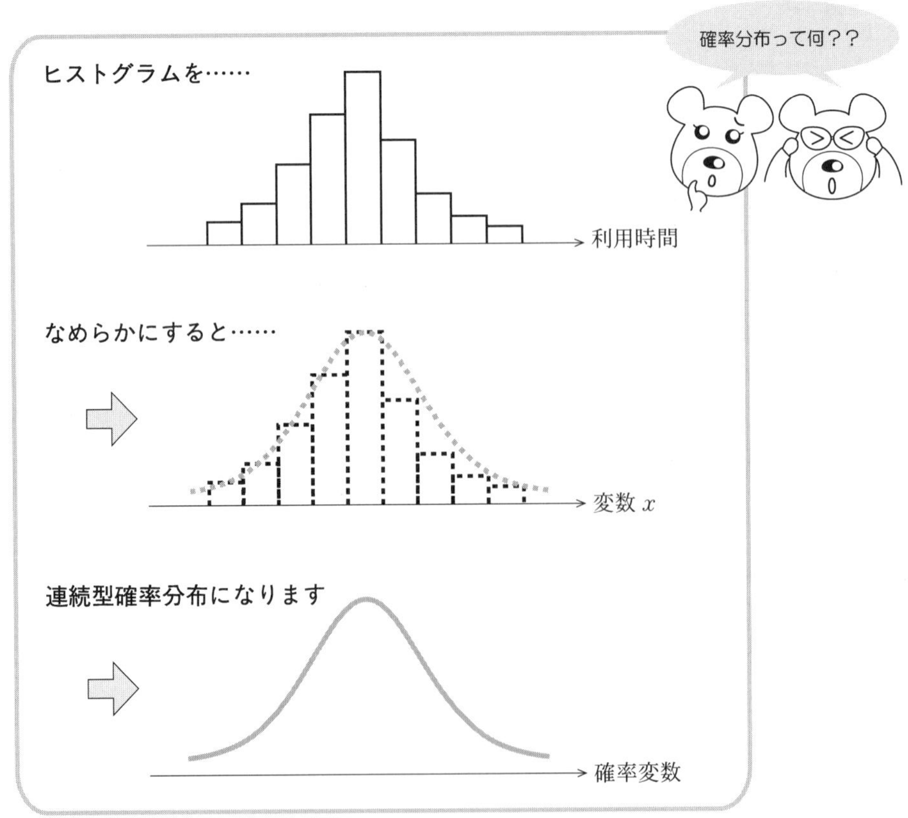

■ いろいろな確率分布

統計でよく利用されている確率分布は，次の 4 種類です．

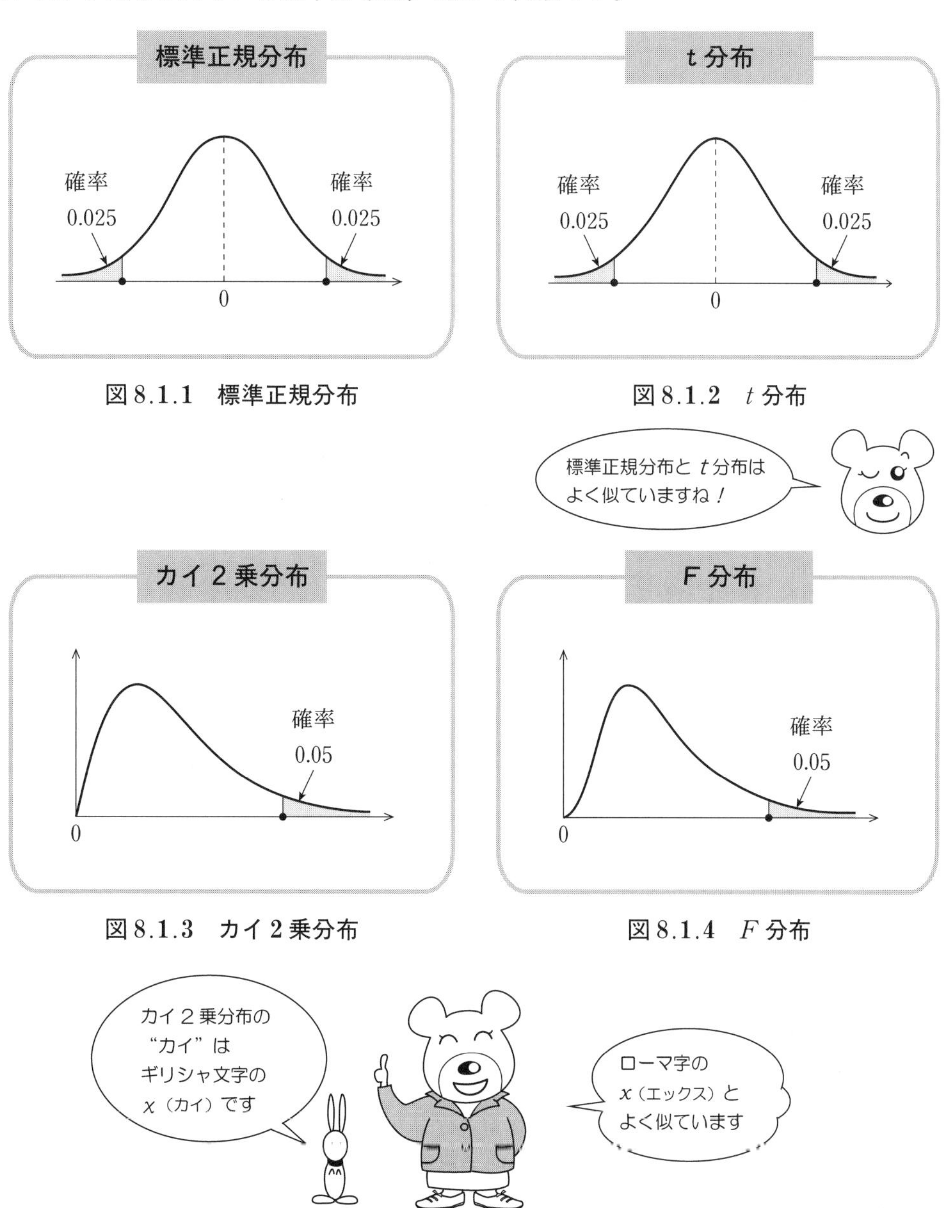

図 8.1.1　標準正規分布

図 8.1.2　t 分布

図 8.1.3　カイ 2 乗分布

図 8.1.4　F 分布

8.2 確率分布の利用法

■ **確率分布の利用方法**——その１　確率から分布の値を！

確率分布はどのように利用されているのでしょうか？

統計学では，区間推定や仮説の検定を行うときに，
次の **確率分布の値** を求めることが大切になってきます．

● —— t 分布の場合

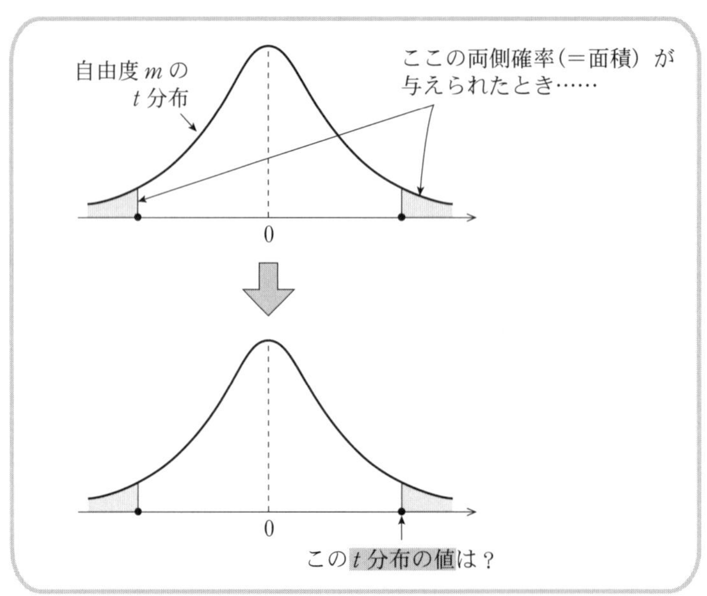

図 8.2.1　確率から t 分布の値を求める

このExcel関数は……
t 分布の場合
T.INV.2T（両側確率，自由度）

■ 確率分布の利用方法——その2　分布の値から確率を！

確率分布はどのように利用されているのでしょうか？

統計学では，区間推定や仮説の検定を行うときに，
次の **確率分布の確率** を求めることが大切になってきます．

●—— t 分布の場合

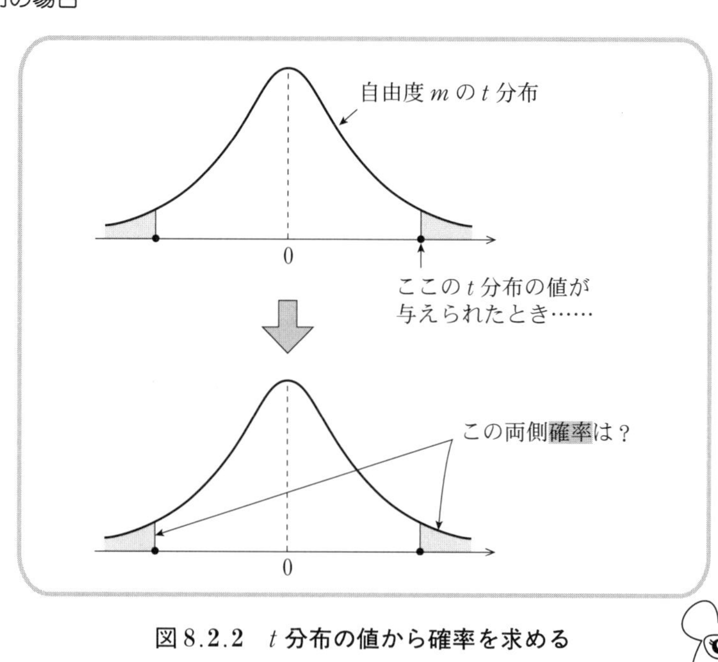

図 8.2.2　t 分布の値から確率を求める

このExcel関数は……
t 分布の場合
T.DIST.2T（x，自由度）

8.3 Excel 関数による標準正規分布の数表の作り方

正規分布の定義

確率密度関数 $f(x)$ が

$$f(x)=\frac{1}{\sigma\times\sqrt{2\pi}}\times e^{-\frac{1}{2}\times\left(\frac{x-\mu}{\sigma}\right)^2}$$

で与えられる確率分布を**正規分布**といい，$N(\mu, \sigma^2)$ で表す．

この数式は
あまり気にしないで
進みましょう

このとき，正規分布の平均と分散は

$$平均=\mu, \qquad 分散=\sigma^2$$

となります．

■ 標準正規分布とは？

平均が 0，分散が 1 の正規分布のことを，**標準正規分布**といいます．

確率密度関数は，次のようになります．

$$f(z)=\frac{1}{\sqrt{2\pi}}\times e^{-\frac{1}{2}\times z^2}$$

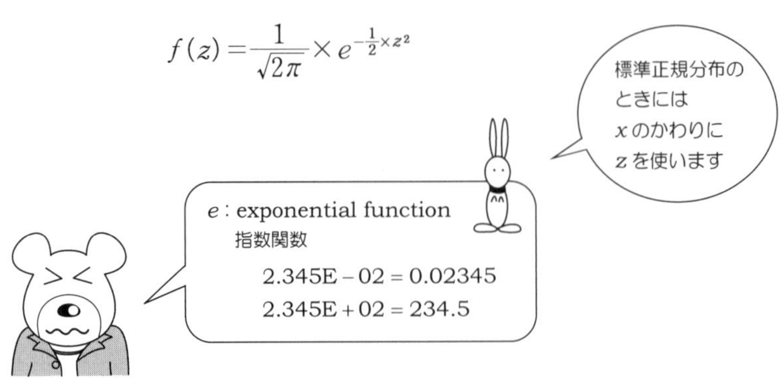

●―― 標準正規分布の数表の作り方

標準正規分布のグラフは，次のようになっています.

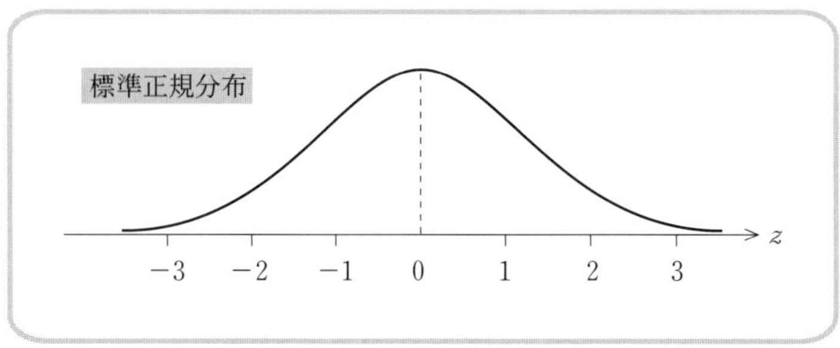

図8.3.1　標準正規分布のグラフ

このとき，標準正規分布の数表とは，

確率（面積）が与えられたときの z の値を求めたものです.

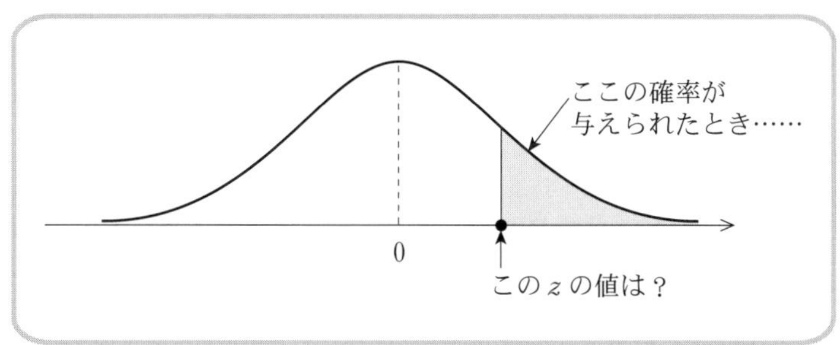

図8.3.2　確率から z の値を求める

手順 1　標準正規分布の数表を作りましょう．

次のように，確率と z の値の表を用意します．

	A	B	C	D	E	F	G	H	I
1	確率	zの値							
2	0.050								
3	0.045								
4	0.040								
5	0.035								
6	0.030								
7	0.025								
8	0.020								
9	0.015								
10	0.010								
11									
12									
13									
14									

まずこれを
用意しましょう

手順 2　B2 のセルをクリックして，

=NORM.S.INV(1−A2)

と入力します．

	A	B	C	D	E	F	G	H	I
1	確率	zの値							
2	0.050	=NORM.S.INV(1-A2)							
3	0.045	1.695							
4	0.040	1.751							
5	0.035	1.812							
6	0.030	1.881							
7	0.025	1.960							
8	0.020	2.054							
9	0.015	2.170							
10	0.010	2.326							
11									
12									
13									
14									

［数式］⇒［関数の挿入］
から
NORM.S.INV
を選んでも OK！

手順 3　すると，確率 0.5 のときの z の値 1.645 が求まります．

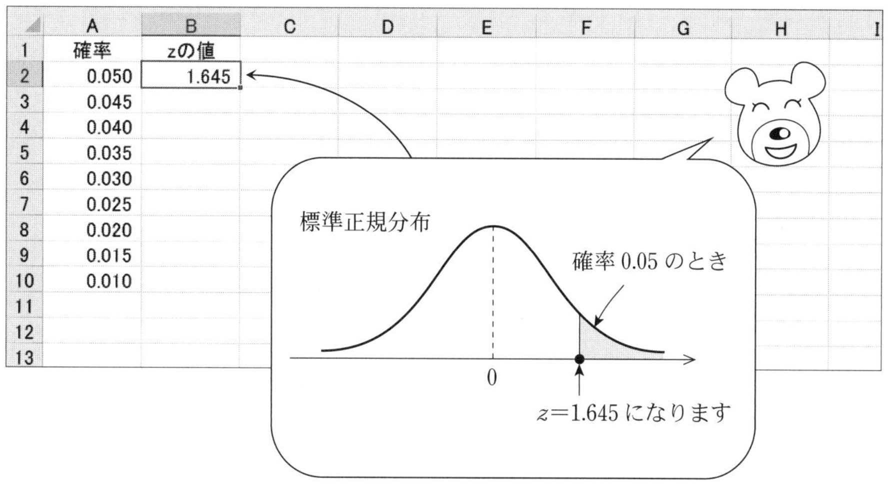

手順 4　B2 のセルをコピーして，B3 から B10 まで貼り付けると，

次のような標準正規分布の数表ができあがります．

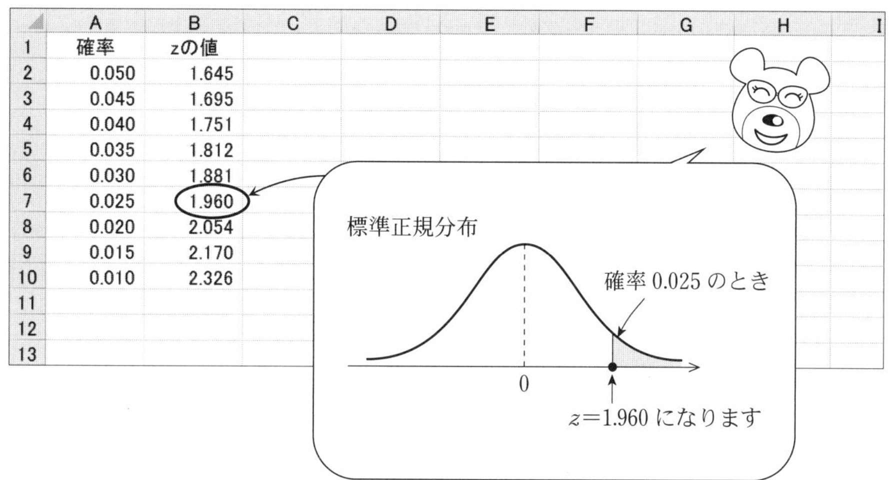

8.4 Excel 関数によるカイ 2 乗分布の数表の作り方

カイ 2 乗分布の定義

確率密度関数 $f(x)$ が

$$f(x)=\frac{1}{2^{\frac{m}{2}}\times\Gamma\left(\frac{m}{2}\right)}\times x^{\frac{m}{2}-1}\times e^{-\frac{x}{2}} \qquad (0<x<\infty)$$

で与えられる確率分布を，自由度 m の**カイ 2 乗分布**という．

この数式は
ながめるだけで
いいんです

■ カイ 2 乗分布のグラフは？

カイ 2 乗分布のグラフは，自由度 m の値によって，次のようになります．

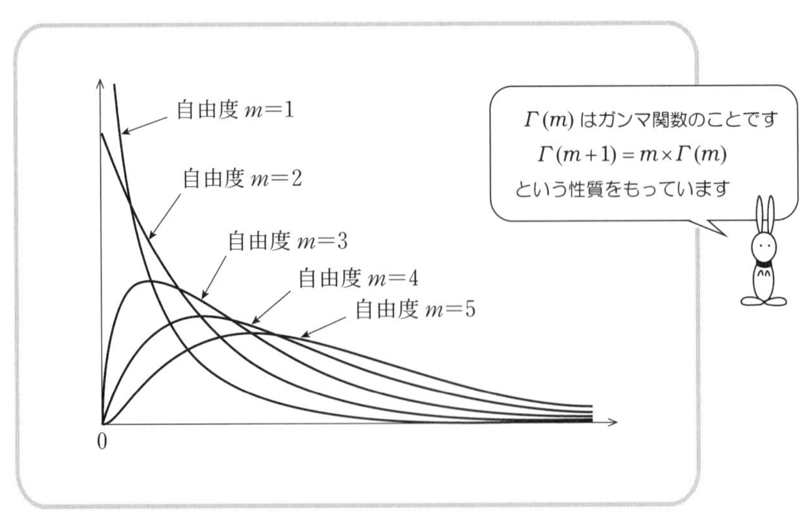

図 8.4.1　自由度で変わるカイ 2 乗分布のグラフ

●―― カイ 2 乗分布の数表の作り方

カイ 2 乗分布の数表とは，自由度 m と確率 α が与えられたときのカイ 2 乗の値 $\chi^2(m\,;\alpha)$ を求めたものです．

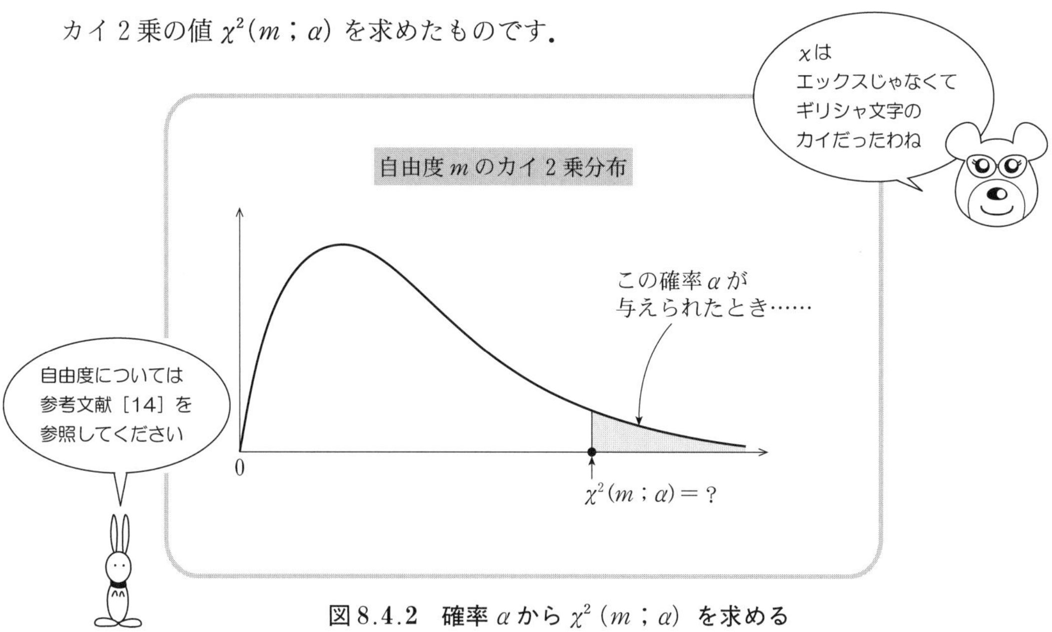

図 8.4.2 確率 α から $\chi^2(m\,;\alpha)$ を求める

手順 1　$\chi^2(m\,;0.05)$ の数表を作りましょう．そこで，次の表を用意します．

	A	B	C	D	E	F	G	H	I
1	自由度m	確率	カイ2乗						
2	1	0.05							
3	2	0.05							
4	3	0.05							
5	4	0.05							
6	5	0.05							
7	6	0.05							
8	7	0.05							
9	8	0.05							
10	9	0.05							
11	10	0.05							
12									
13									
14									

カイ 2 乗分布の数表は
独立性の検定や
適合度検定のときに
利用します

手順 2　　C2 のセルをクリック.

fx 関数の挿入 ⇨ 統計 ⇨ CHISQ.INV.RT を選択して, **OK**.

関数の挿入　？　×

関数の検索(S):

何がしたいかを簡単に入力して、[検索開始] をクリックしてください。　検索開始(G)

関数の分類(C): 統計

関数名(N):

CHISQ.DIST
CHISQ.DIST.RT
CHISQ.INV
CHISQ.INV.RT
CHISQ.TEST
CONFIDENCE.NORM
CONFIDENCE.T

CHISQ.INV.RT(確率,自由度)

カイ 2 乗分布の右側確率の逆関数の値を返します。

この関数のヘルプ　OK　キャンセル

手順 3　　次のようにワクの中へ入力して, **OK**.

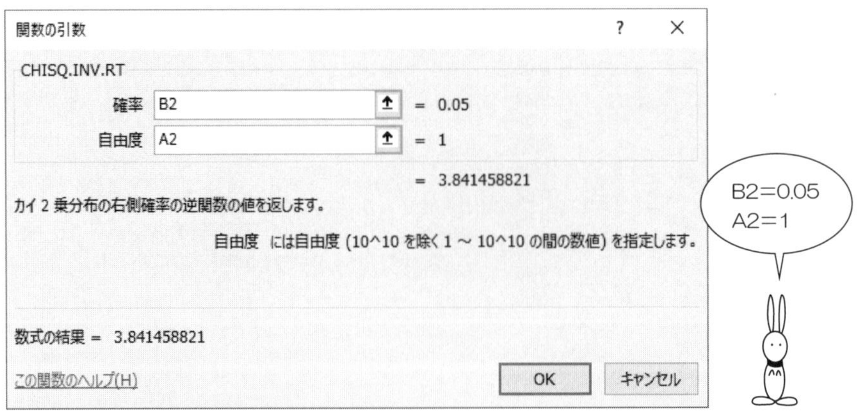

手順 4　次のように，$\chi^2(1\,;0.05)$ の値 3.841 が求まります.

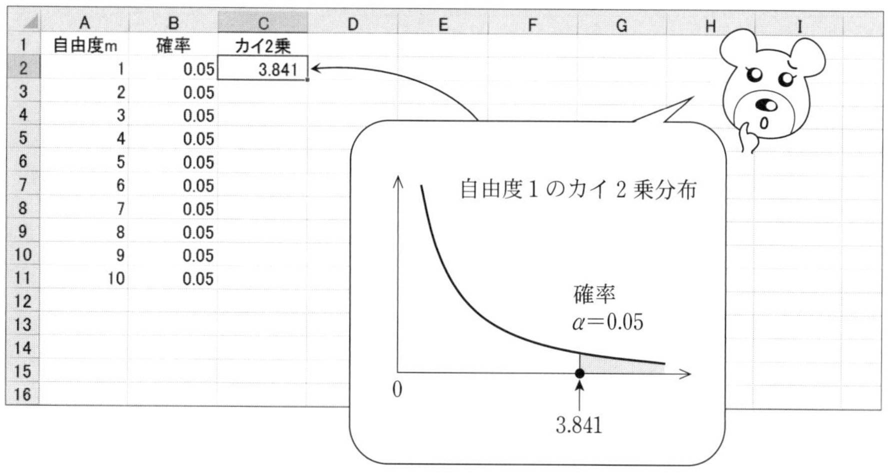

	A	B	C
1	自由度m	確率	カイ2乗
2	1	0.05	3.841
3	2	0.05	
4	3	0.05	
5	4	0.05	
6	5	0.05	
7	6	0.05	
8	7	0.05	
9	8	0.05	
10	9	0.05	
11	10	0.05	

手順 5　C2 のセルをコピーして，C3 から C11 まで貼り付けると，

次のようなカイ 2 乗分布の数表ができあがります.

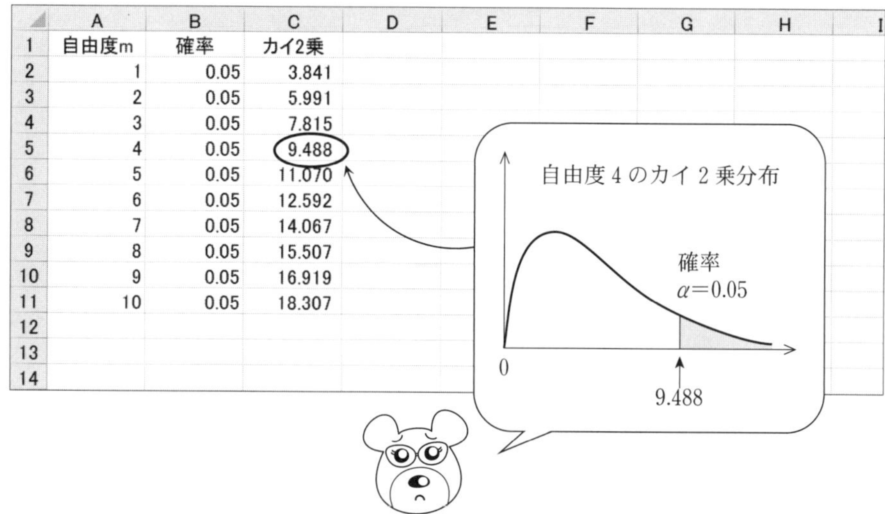

	A	B	C
1	自由度m	確率	カイ2乗
2	1	0.05	3.841
3	2	0.05	5.991
4	3	0.05	7.815
5	4	0.05	9.488
6	5	0.05	11.070
7	6	0.05	12.592
8	7	0.05	14.067
9	8	0.05	15.507
10	9	0.05	16.919
11	10	0.05	18.307

8.5 Excel 関数による t 分布の数表の作り方

t 分布の定義

確率密度関数 $f(x)$ が

$$f(x)=\frac{\Gamma\left(\frac{m+1}{2}\right)}{\sqrt{m\pi}\times\Gamma\left(\frac{m}{2}\right)\times\left(1+\frac{x^2}{m}\right)^{\frac{m+1}{2}}} \qquad (-\infty<x<\infty)$$

で与えられる確率分布を，自由度 m の **t 分布**という．

この数式は
あまり
気にしないで！

■ t 分布のグラフは？

t 分布のグラフは，自由度 m の値によって，次のようになります．

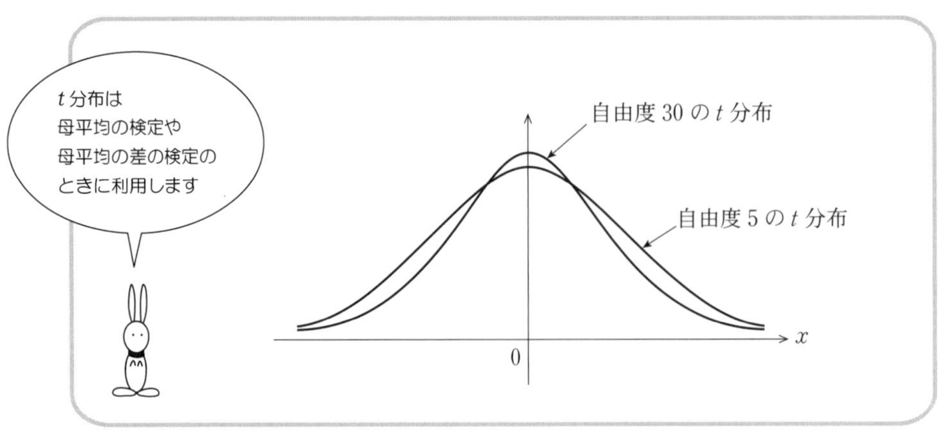

図 8.5.1　自由度で変わる t 分布のグラフ

●—— t 分布の数表の作り方

t 分布の数表とは，自由度 m と両側確率 α が与えられたときの

t 分布の値 $t\left(m\,;\dfrac{\alpha}{2}\right)$ を求めたものです．

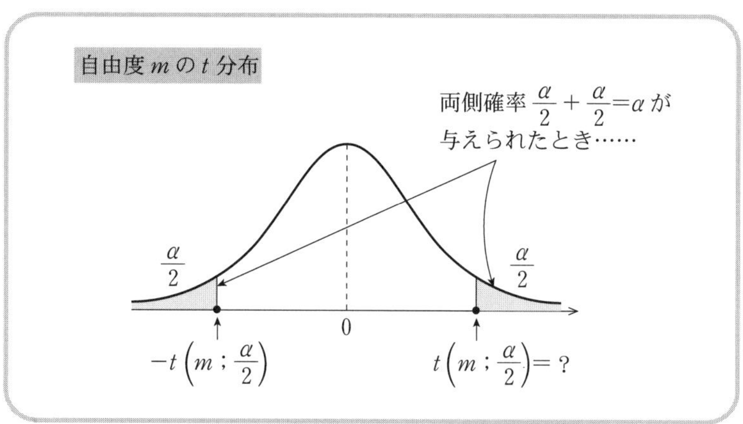

図 8.5.2　確率 α から $t\left(m\,;\dfrac{\alpha}{2}\right)$ を求める

手順 1　　$t(m\,;0.025)$ の数表を作りましょう．そこで，次の表を用意します．

	A	B	C	D	E	F	G	H	I
1	自由度m	両側確率	t分布						
2	1	0.05							
3	2	0.05							
4	3	0.05							
5	4	0.05							
6	5	0.05							
7	6	0.05							
8	7	0.05							
9	8	0.05							
10	9	0.05							
11	10	0.05							
12									
13									

$t(m\,;0.025)$
$=$ T.INV.2T(0.05, m)
$=$ T.INV(0.975, m)

手順 2　C2 のセルをクリック．

f_x 関数の挿入 ⇨ **統計** ⇨ T.INV.2T を選択して，**OK**．

関数の挿入　?　×

関数の検索(S):

何がしたいかを簡単に入力して、[検索開始] をクリックしてください。　検索開始(G)

関数の分類(C): 統計

関数名(N):

T.DIST.2T
T.DIST.RT
T.INV
T.INV.2T
T.TEST
TREND
TRIMMEAN

T.INV.2T(確率,自由度)
スチューデントの t-分布の両側逆関数を返します。

この関数のヘルプ　OK　キャンセル

手順 3　次のようにワクの中へ入力して，**OK**．

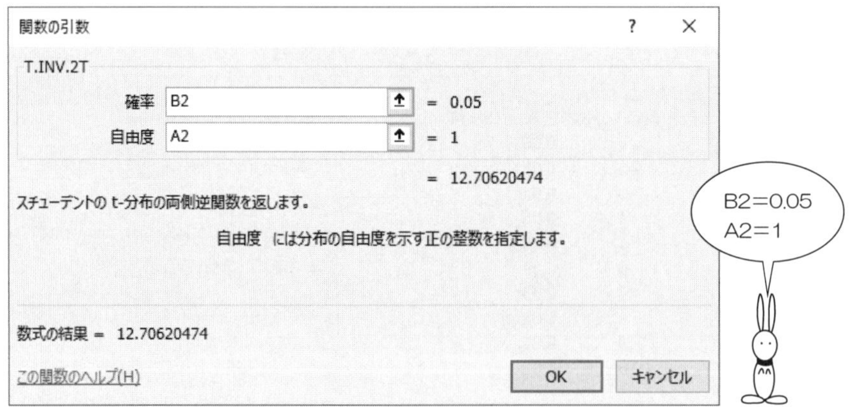

手順 4　次のように $t(1\,;0.025)$ の値 12.706 が求まります.

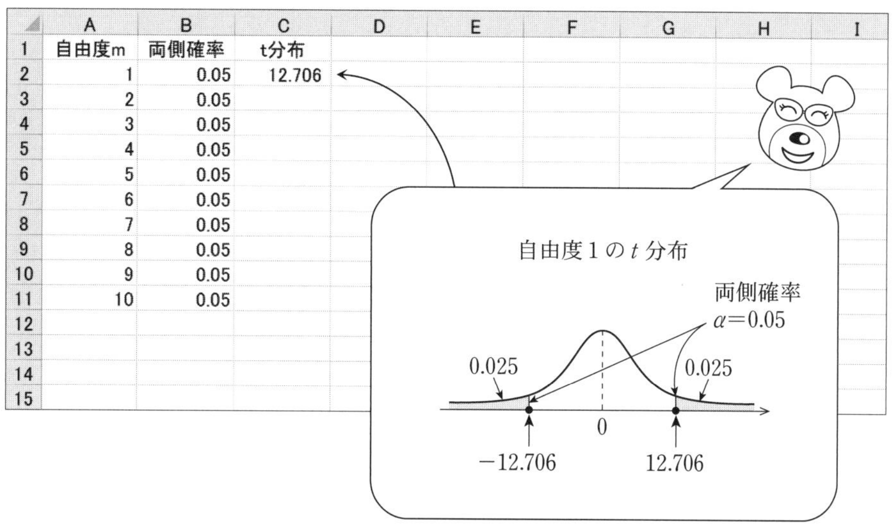

手順 5　C2 のセルをコピーして，C3 から C11 まで貼り付けると，次のような t 分布の数表ができあがります.

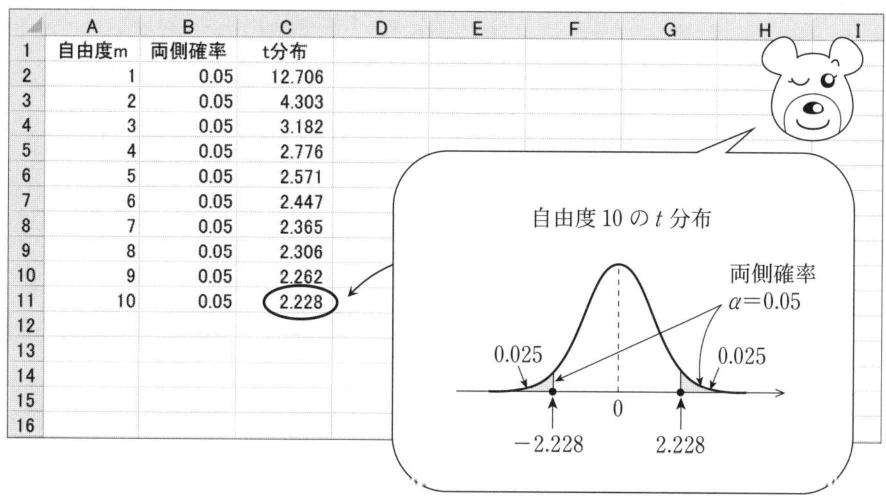

8.6 Excel 関数による F 分布の数表の作り方

F 分布の定義

確率密度関数 $f(x)$ が

$$f(x)=\frac{\Gamma\left(\dfrac{m+n}{2}\right)\times\left(\dfrac{m}{n}\right)^{\frac{m}{2}}\times x^{\frac{m}{2}-1}}{\Gamma\left(\dfrac{m}{2}\right)\times\Gamma\left(\dfrac{n}{2}\right)\times\left(1+\dfrac{m}{n}x\right)^{\frac{m+n}{2}}}\qquad(0<x<\infty)$$

で与えられる確率分布を，自由度 (m, n) の **F 分布**という．

この数式は
気にしない！
気にしない!!

●—— F 分布の数表の作り方

F 分布の数表とは，2 つの自由度 (m, n) と確率 $\alpha=0.05$ が与えられたときの F 分布の値 $F(m, n ; \alpha)$ を求めたものです．

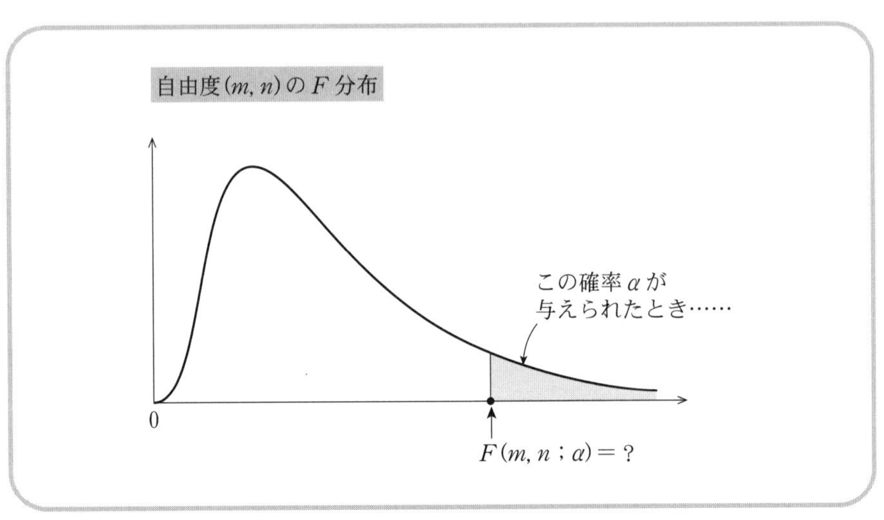

図 8.6.1　確率 α から $F(m, n ; \alpha)$ を求める

手順 1　$F(m, n; 0.05)$ の数表を作りましょう．そこで，次の表を用意します．

	A	B	C	D	E	F	G	H	I
1	自由度m	自由度n	確率	F分布					
2	1	2	0.05						
3	1	3	0.05						
4	1	4	0.05						
5	2	2	0.05						
6	2	4	0.05						
7	3	4	0.05						
8	3	6	0.05						
9	4	5	0.05						
10	4	7	0.05						
11	5	6	0.05						
12	5	7	0.05						
13	6	7	0.05						
14	7	8	0.05						
15	8	9	0.05						
16									

F 分布の数表は
1 元配置の分散分析や
回帰分析の分散分析表の
ときに利用します

手順 2　D2 のセルをクリック．

f_x 関数の挿入 ⇨ 統計 ⇨ F.INV.RT を選択して，OK．

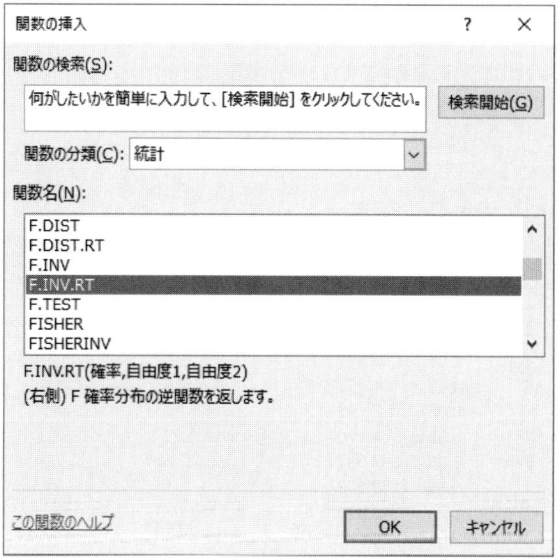

関数の挿入　?　×

関数の検索(S):

何がしたいかを簡単に入力して、[検索開始] をクリックしてください。　検索開始(G)

関数の分類(C): 統計

関数名(N):

F.DIST
F.DIST.RT
F.INV
F.INV.RT
F.TEST
FISHER
FISHERINV

F.INV.RT(確率,自由度1,自由度2)
(右側) F 確率分布の逆関数を返します。

この関数のヘルプ　OK　キャンセル

手順 3　次のようにワクの中へ入力して，OK．

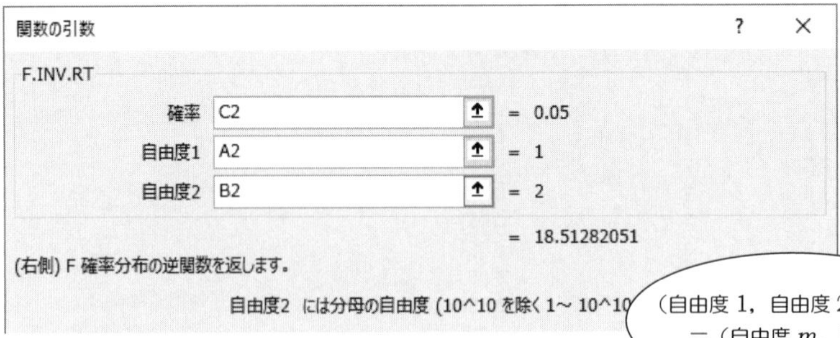

関数の引数		
F.INV.RT		
確率	C2	= 0.05
自由度1	A2	= 1
自由度2	B2	= 2
		= 18.51282051

(右側) F 確率分布の逆関数を返します。

自由度2　には分母の自由度 (10^10 を除く 1～ 10^10

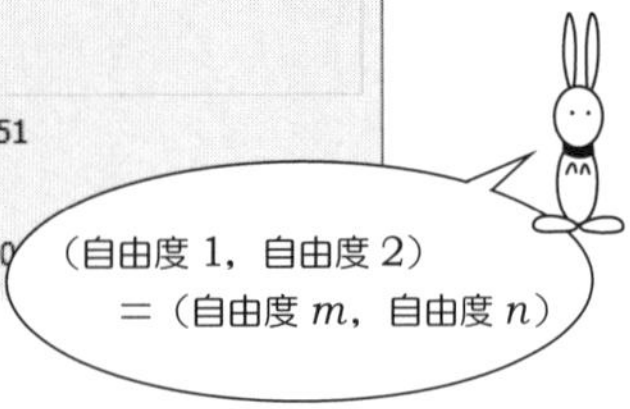

（自由度 1，自由度 2）
＝（自由度 m，自由度 n）

手順 4　すると $F(1,2\,;0.05)$ の値 18.513 が求まります．

	A	B	C	D	E	F	G	H	I
1	自由度m	自由度n	確率	F分布					
2	1	2	0.05	18.513					
3	1	3	0.05						
4	1	4	0.05						
5	2	2	0.05						

手順 5　D2 のセルをコピーして，D3 から D15 まで貼り付けると，

次のような F 分布の数表ができあがります．

	A	B	C	D	E	F	G	H	I
1	自由度m	自由度n	確率	F分布					
2	1	2	0.05	18.513					
3	1	3	0.05	10.128					
4	1	4	0.05	7.709					
5	2	2	0.05	19.000					
6	2	4	0.05	6.944					
7	3	4	0.05	6.591					
8	3	6	0.05	4.757					
9	4	5	0.05	5.192					
10	4	7	0.05	4.120					
11	5	6	0.05	4.387					
12	5	7	0.05	3.972					
13	6	7	0.05	3.866					
14	7	8	0.05	3.500					
15	8	9	0.05	3.230					
16									

ここで，理解度をチェック！

次の 3 つの数表を完成させてください．

問 8.1

	A	B	C
1	自由度m	確率	カイ2乗
2	1	0.01	
3	2	0.01	
4	3	0.01	
5	4	0.01	
6	5	0.01	
7	6	0.01	
8	7	0.01	
9	8	0.01	
10	9	0.01	
11	10	0.01	
12			

CHISQ.INV.RT
を利用して
完成させてね！

問 8.2

	A	B	C
1	自由度m	両側確率	t分布
2	1	0.1	
3	2	0.1	
4	3	0.1	
5	4	0.1	
6	5	0.1	
7	6	0.1	
8	7	0.1	
9	8	0.1	
10	9	0.1	
11	10	0.1	
12			
13			
14			

T.INV.2T を
利用します

問 8.3

	A	B	C	D	E	F	G	H	I
1	自由度m	自由度n	確率	F分布					
2	1	2	0.01						
3	1	3	0.01						
4	1	4	0.01						
5	2	2	0.01						
6	2	4	0.01						
7	3	4	0.01						
8	3	6	0.01						
9	4	5	0.01						
10	4	7	0.01						
11	5	6	0.01						
12	5	7	0.01						
13	6	7	0.01						
14	7	8	0.01						
15	8	9	0.01						
16									

F 分布は
F.INV.RT
だったわね

第9章 区間推定によるデータのまとめ方

9.1 平均の区間推定と比率の区間推定

【母平均の区間推定の場合】

管理栄養士は悩んでいます．

そこで，15人の在宅介護の高齢者に対しアンケート調査をおこなったところ，次のようなデータを得ました．

表 9.1.1　アンケート調査の結果

調査回答者	エネルギー (kcal)	たんぱく質 (g)	炭水化物 (g)	カルシウム (mg)	鉄 (mg)
1	1456	62	171	285	4.9
2	831	35	98	149	2.8
3	1952	65	213	404	6.2
4	895	41	110	239	4.0
5	1181	53	146	221	5.1
6	954	36	102	144	3.4
7	1108	47	125	278	4.7
8	864	36	109	187	3.4
9	963	37	125	185	3.0
10	1123	42	125	172	2.8
11	968	39	94	184	2.8
12	1098	47	125	215	4.1
13	1216	52	140	325	4.8
14	1079	47	121	208	3.5
15	748	37	87	207	3.8

【母比率の区間推定の場合】

介護福祉士は悩んでいます．

高齢者の食事の用意は
だれがしているのかしら？

そこで，女性 100 人と男性 100 人の高齢者に対しアンケート調査をおこなったところ，次のようなデータを得ました．

表 9.1.2　アンケート調査票

> 項目 1　あなたの性別は？
> 　　　　1．女性　　　2．男性
>
> 項目 2　あなたは，ご自分で食事の用意をしますか？
> 　　　　1．はい　　　2．いいえ

表 9.1.3　高齢者の食事

性　別	自分で用意する	自分で用意しない	合　計
女　性	79 人	21 人	100 人
男　性	12 人	88 人	100 人

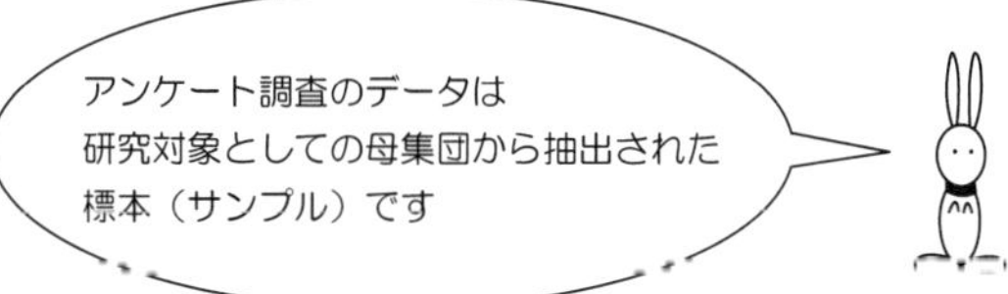

知りたいことは？

【母平均の区間推定の場合】

- 高齢者のエネルギー摂取量の平均値を推定したい．

【母比率の区間推定の場合】

- 自分で自分の食事の用意をする高齢者の比率を推定したい．

このようなときは，次の統計処理が考えられます．

統計処理 1

高齢者のエネルギー摂取量の平均値を区間推定する． ☞ p. 120

統計処理 2

自分で食事の用意をする高齢者の比率を区間推定する． ☞ p. 124

■ 母平均の区間推定とは？

母平均の区間推定とは，次の公式を使って，正規母集団の平均 μ の範囲を信頼度 95% で調べることです．

この信頼度 95% を**信頼係数**といいます．

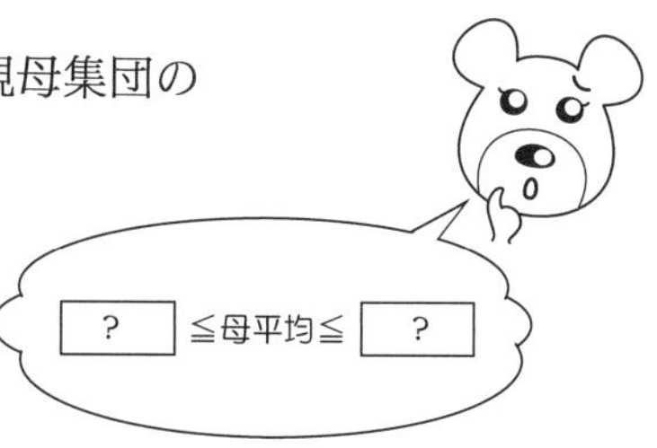

母平均の区間推定の公式

信頼係数 95% の母平均 μ の信頼区間は

$$\bar{x}-t(N-1\,;\,0.025)\times\sqrt{\frac{s^2}{N}}\leqq \text{母平均}\ \mu \leqq \bar{x}+t(N-1\,;\,0.025)\times\sqrt{\frac{s^2}{N}}$$

となります．ただし

$$\begin{cases} \text{標本平均}\ \bar{x} = \dfrac{x_1+x_2+\cdots+x_N}{N} \\ \text{標本分散}\ s^2 = \dfrac{(x_1-\bar{x})^2+(x_2-\bar{x})^2+\cdots+(x_N-\bar{x})^2}{N-1} \end{cases}$$

この信頼区間を図示すると，次のようになります．

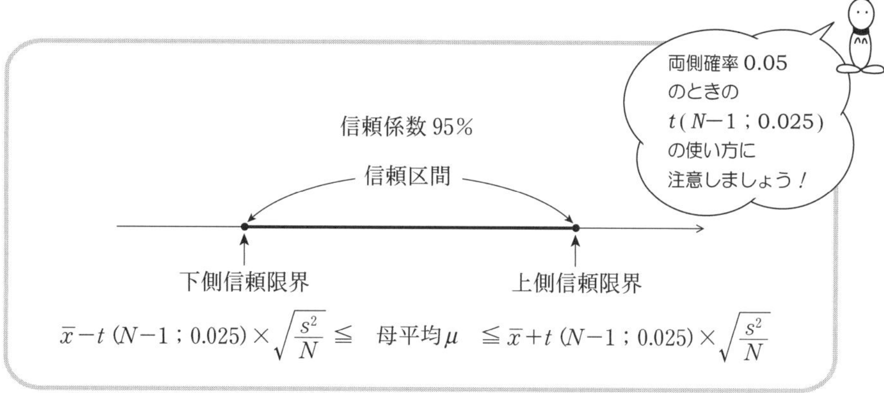

図 9.1.1　母平均の信頼区間

■ 母比率の区間推定とは？

母比率の区間推定とは，次の公式を使って，2 項母集団の比率 p の範囲を信頼度 95% で調べることです．

この信頼度 95% を**信頼係数**といいます．

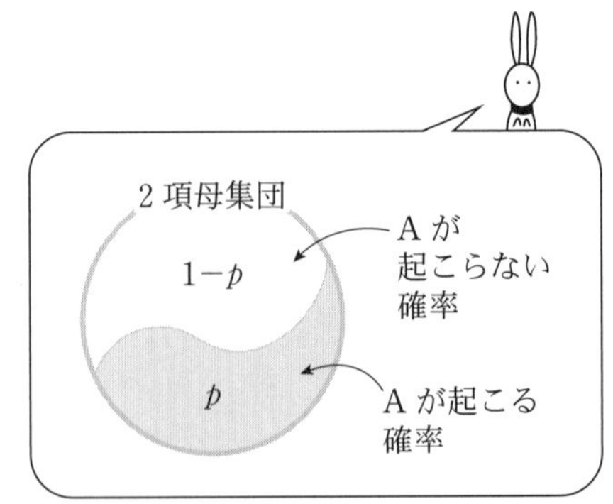

母比率の区間推定の公式

信頼係数 95% の母比率 p の信頼区間は

$$\frac{m}{N}-1.960\times\sqrt{\frac{\frac{m}{N}\times\left(1-\frac{m}{N}\right)}{N}} \leqq \text{母比率}\ p \leqq \frac{m}{N}+1.960\times\sqrt{\frac{\frac{m}{N}\times\left(1-\frac{m}{N}\right)}{N}}$$

となります．ただし

$$\begin{cases} \text{標本比率} = \dfrac{m}{N} \\ \text{標準正規分布}\ z(0.025) = 1.960 \end{cases}$$

この信頼区間を図示すると，次のようになります．

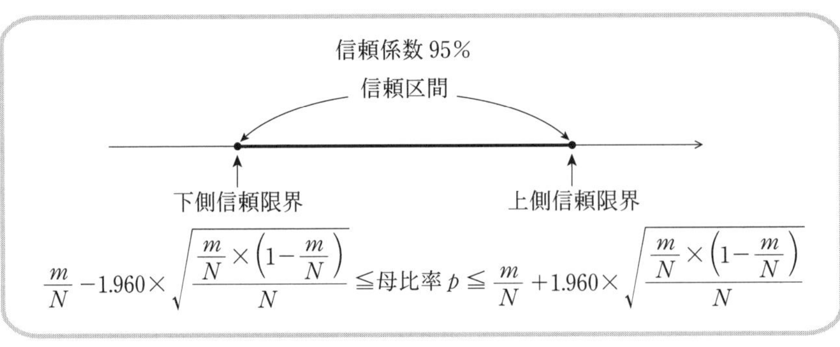

$$\frac{m}{N}-1.960\times\sqrt{\frac{\frac{m}{N}\times\left(1-\frac{m}{N}\right)}{N}} \leqq \text{母比率}\ p \leqq \frac{m}{N}+1.960\times\sqrt{\frac{\frac{m}{N}\times\left(1-\frac{m}{N}\right)}{N}}$$

図 9.1.2　母比率の信頼区間

報告書に書くときは！

【母平均の区間推定の場合】

『……．そこで，高齢者の平均エネルギー摂取量の信頼区間を信頼係数 95％ で求めたところ，下側信頼限界が 931.928，上側信頼限界が 1259.539 になりました．

したがって，今後の対策としては ……………………………………………………

……………………………………………………………………………………………』

あなたの意見を
ここに
入れましょう！

【母比率の区間推定の場合】

『……．そこで，男性の高齢者が自分で食事を用意する比率の信頼区間を信頼係数 95％ で求めたところ，下側信頼限界が 0.056，上側信頼限界が 0.184 になりました．

以上のことから，今後の対策としては ……………………………………………………

……………………………………………………………………………………………』

あなたの考えを
主張する
チャンスです！

9.2 Excel の分析ツールによる母平均の区間推定

手順 1　次のようにデータを入力し，**データ** ⇨ **データ分析** をクリック．

	A	B	C	D	E	F
1	調査対象者	エネルギー	たんぱく質	炭水化物	カルシウム	鉄分
2	1	1456	61.7	171.4	285	4.9
3	2	831	35.0	97.8	149	2.8
4	3	1952	64.7	212.7	404	6.2
5	4	895	41.0	110.4	239	4.0
6	5	1181	52.7	145.6	221	5.1
7	6	954	36.4	102.0	144	
8	7	1108	47.1	124.6	278	
9	8	864	35.6	109.3	187	
10	9	963	36.5	125.2	185	
11	10	1123	41.9	124.6	172	2.8
12	11	968	39.3	93.8	184	2.8
13	12	1098	46.5	124.8	215	4.1
14	13	1216	52.2	139.7	325	4.8
15	14	1079	47.0	121.0	208	3.5
16	15	748	37.1	87.0	207	3.8

ここでは
分析ツールを
利用します

手順 2　**分析ツール(A)** の中から **基本統計量** を選択して，**OK**．

手順 3　次のように，入力範囲(I) に B1：B16 と入力して

☐ 先頭行をラベルとして使用(L)

☐ 統計情報(S)

☐ 平均の信頼区間の出力(N)　をチェックして，OK．

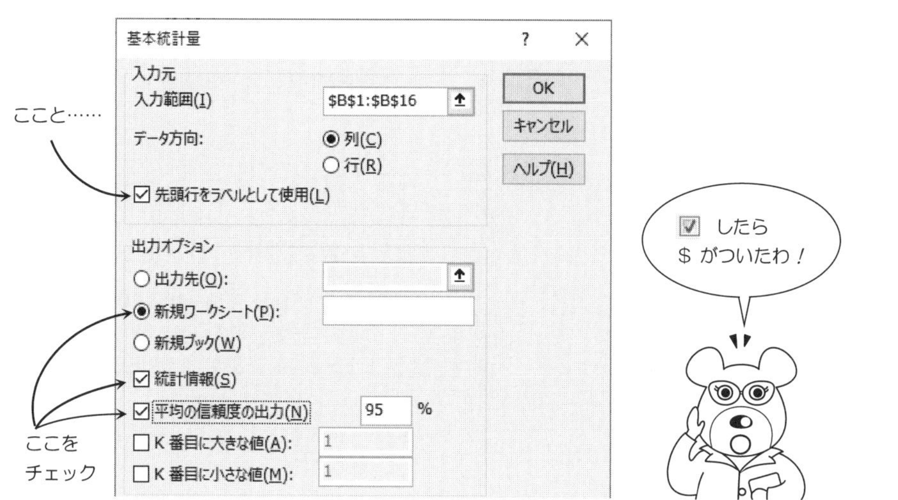

手順 4　すると，次のように基本統計量が出力されます．

	A	B	C	D	E	F	G
1	エネルギー						
2							
3	平均	1095.733					
4	標準誤差	76.374					
5	中央値（メジアン）	1079					
6	最頻値（モード）	#N/A					
7	標準偏差	295.794					
8	分散	87494.067					
9	尖度	4.552					
10	歪度	1.874					
11	範囲	1204					
12	最小	748					
13	最大	1952					
14	合計	16436					
15	データの個数	15					
16	信頼度(95.0%)(95.0%)	163.805					
17							

$$t(N-1;0.025)\times\sqrt{\frac{s^2}{N}}$$

$$=2.145\times\sqrt{\frac{87494.067}{15}}$$

$$=163.805$$

手順 5　続いて，信頼区間を求めます．

次の画面のように入力したら，まず下側信頼限界を計算するために

D5 のセルに　＝B3－B16　と入力します．

	A	B	C	D	E	F
1	エネルギー					
2						
3	平均	1095.733				
4	標準誤差	76.374		下側信頼限界	上側信頼限界	
5	中央値（メジアン）	1079		＝B3－B16		
6	最頻値（モード）	#N/A				
7	標準偏差	295.794				
8	分散	87494.067				
9	尖度	4.552				
10	歪度	1.874				
11	範囲	1204				
12	最小	748				
13	最大	1952				
14	合計	16436				
15	データの個数	15				
16	信頼度(95.0%)(95.0%)	163.805				
17						

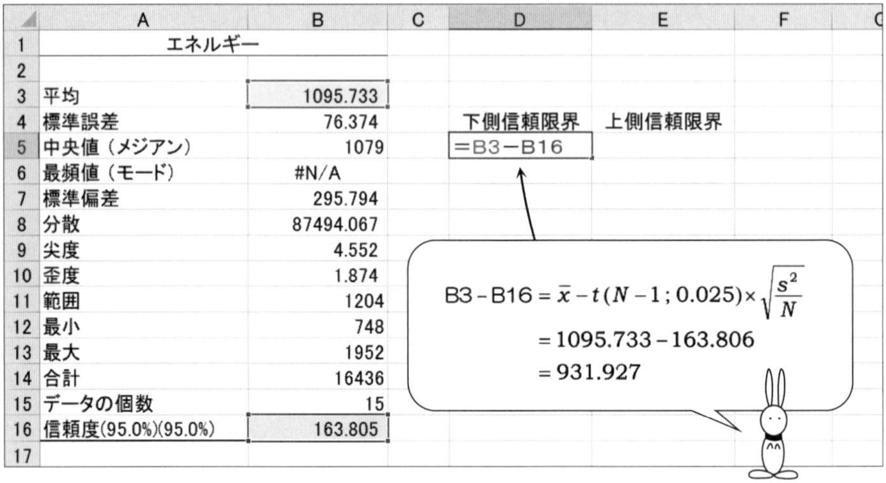

$$B3 - B16 = \bar{x} - t(N-1\,;\,0.025) \times \sqrt{\frac{s^2}{N}}$$
$$= 1095.733 - 163.806$$
$$= 931.927$$

手順 6　さらに，上側信頼限界を計算するために

E5 のセルに　＝B3＋B16　と入力します．

	A	B	C	D	E	F
1	エネルギー					
2						
3	平均	1095.733				
4	標準誤差	76.374		下側信頼限界	上側信頼限界	
5	中央値（メジアン）	1079		931.928	=B3+B16	
6	最頻値（モード）	#N/A				
7	標準偏差	295.794				
8	分散	87494.067				
9	尖度	4.552				
10	歪度	1.874				
11	範囲	1204				
12	最小	748				
13	最大	1952				
14	合計	16436				
15	データの個数	15				
16	信頼度(95.0%)(95.0%)	163.805				
17						

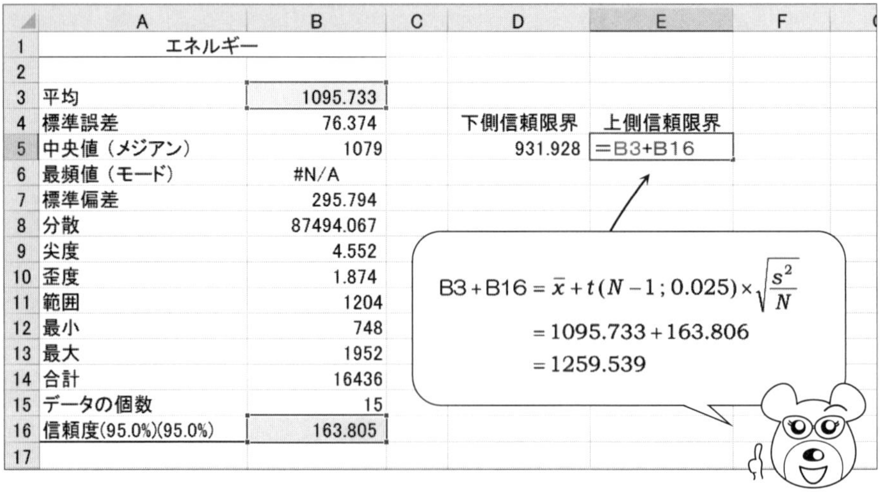

$$B3 + B16 = \bar{x} + t(N-1\,;\,0.025) \times \sqrt{\frac{s^2}{N}}$$
$$= 1095.733 + 163.806$$
$$= 1259.539$$

手順7　次のようになりましたか？

	A	B	C	D	E	F
1	エネルギー					
2						
3	平均	1095.733				
4	標準誤差	76.374		下側信頼限界	上側信頼限界	
5	中央値（メジアン）	1079		931.928	1259.539	
6	最頻値（モード）	#N/A				
7	標準偏差	295.794				
8	分散	87494.067				
9	尖度	4.552				
10	歪度	1.874				
11	範囲	1204				
12	最小	748				
13	最大	1952				
14	合計	16436				
15	データの個数	15				
16	信頼度(95.0%)(95.0%)	163.805				
17						

上側信頼限界のことを
“上限”
下側信頼限界のことを
“下限”
ともいいます

したがって，求める高齢者の平均エネルギー摂取量 μ は

信頼係数 95% で

$$931.928 \leqq \text{母平均}\mu \leqq 1259.539$$

となりました。

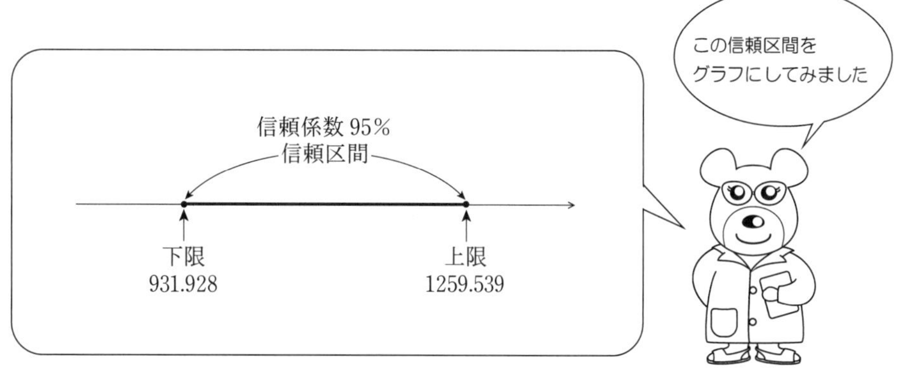

9.3 Excel 関数による母比率の区間推定

介護福祉士が，高齢者の食事をだれが用意するのかを調べたところ次のようなクロス集計表を得ました．

表 9.3.1　高齢者の食事

性　別	自分で用意する	自分で用意しない	合　計
女　性	79 人	21 人	100 人
男　性	12 人	88 人	100 人

そこで，男性の高齢者が自分で食事を用意する比率の信頼区間を，信頼係数 95% で求めようと思いました．

手順 1　はじめに，男性の標本比率を計算します．

次のように入力したら，D8 のセルに　=B3/D3　と入力．

	A	B	C	D	E
1		自分で用意する	自分で用意しない	合計	
2	女性	79	21	100	
3	男性	12	88	100	
4					
5	zの値	1.960			
6					
7	女性		男性		
8	標本比率		標本比率	=B3/D3	
9					
10	下限信頼限界	上限信頼限界	下限信頼限界	上限信頼限界	
11					
12					

p.99 も参考にしてくださいね

手順 2　次に，信頼区間の下側信頼限界を計算します．

C11 のセルに　=D8−B5 ∗ (D8 ∗ (1−D8)/D3)^0.5

と入力します．

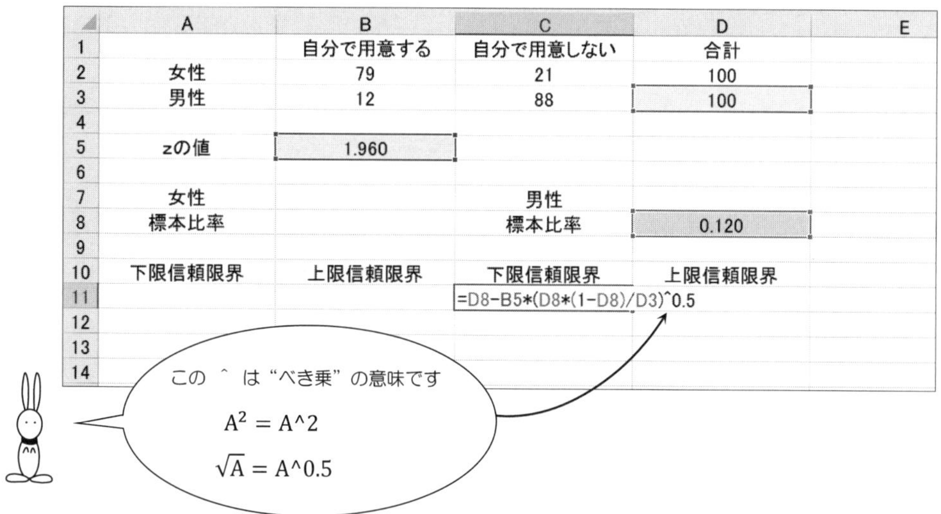

	A	B	C	D	E
1		自分で用意する	自分で用意しない	合計	
2	女性	79	21	100	
3	男性	12	88	100	
4					
5	zの値	1.960			
6					
7	女性		男性		
8	標本比率		標本比率	0.120	
9					
10	下限信頼限界	上限信頼限界	下限信頼限界	上限信頼限界	
11			=D8-B5*(D8*(1-D8)/D3)^0.5		
12					
13					
14					

手順 3　下側信頼限界は，次のようになります．

	A	B	C	D	E
1		自分で用意する	自分で用意しない	合計	
2	女性	79	21	100	
3	男性	12	88	100	
4					
5	zの値	1.960			
6					
7	女性		男性		
8	標本比率		標本比率	0.120	
9					
10	下限信頼限界	上限信頼限界	下限信頼限界	上限信頼限界	
11			0.056		
12					
13					
14					
15					

手順 4　続いて，信頼区間の上側信頼限界を計算します．

D11 のセルに　＝D8＋B5 ＊(D8 ＊(1－D8)/D3)^0.5

と入力します．

	A	B	C	D	E
1		自分で用意する	自分で用意しない	合計	
2	女性	79	21	100	
3	男性	12	88	100	
4					
5	zの値	1.960			
6					
7	女性		男性		
8	標本比率		標本比率	0.120	
9					
10	下限信頼限界	上限信頼限界	下限信頼限界	上限信頼限界	
11			0.056	=D8+B5*(D8*(1-D8)/D3)^0.5	
12					
13					
14					

手順 5　男性の信頼係数 95% の母比率の信頼区間が求まりました！

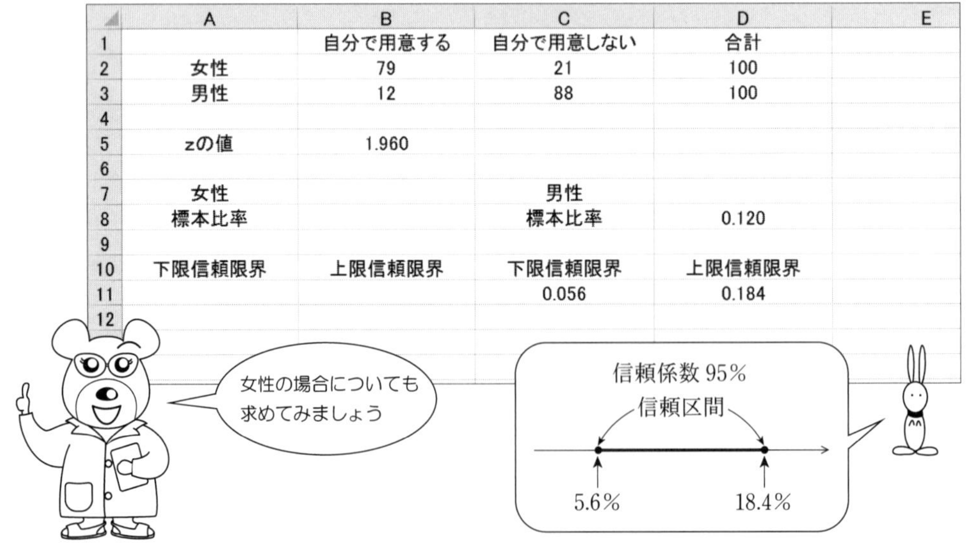

	A	B	C	D	E
1		自分で用意する	自分で用意しない	合計	
2	女性	79	21	100	
3	男性	12	88	100	
4					
5	zの値	1.960			
6					
7	女性		男性		
8	標本比率		標本比率	0.120	
9					
10	下限信頼限界	上限信頼限界	下限信頼限界	上限信頼限界	
11			0.056	0.184	
12					

ここで，理解度をチェック！

次のデータは，20 人ずつの女性のグループと男性のグループに対しておこなったビタミン摂取量の調査結果です．

性別によるビタミンの摂取量

女性のグループ

調査対象者	ビタミンA (μgRE)	ビタミンC (mg)	ビタミンE (mg)
1	638	133	10
2	639	136	6
3	552	89	8
4	541	103	6
5	592	106	10
6	514	101	7
7	689	106	7
8	573	71	12
9	606	110	7
10	511	132	6
11	588	89	6
12	593	82	10
13	574	92	11
14	536	140	6
15	570	92	6
16	594	87	10
17	710	97	10
18	548	112	10
19	514	129	7
20	638	135	10

男性のグループ

調査対象者	ビタミンA (μgRE)	ビタミンC (mg)	ビタミンE (mg)
1	662	110	10
2	655	85	6
3	730	97	7
4	732	97	7
5	745	101	10
6	694	116	8
7	743	73	9
8	718	107	6
9	807	105	7
10	731	96	10
11	844	120	9
12	742	87	8
13	688	100	4
14	729	100	9
15	668	88	12
16	802	92	9
17	775	80	6
18	779	95	11
19	762	112	10
20	787	106	8

問 9.1　女性のビタミン A 平均摂取量の信頼係数 95% 信頼区間を求めてください．

問 9.2　女性のビタミン C 平均摂取量の信頼係数 95% 信頼区間を求めてください．

問 9.3　女性のビタミン E 平均摂取量の信頼係数 95% 信頼区間を求めてください．

第10章 仮説の検定によるデータのまとめ方（1）

10.1 対応のある平均の差の検定と比率の検定

管理栄養士は悩んでいます．

この施設では
栄養改善がなされて
いるかしら？

そこで，栄養改善の目安とされる上腕部の皮下脂肪厚を測定したところ，栄養管理実施前と後で，右ページのようなデータを得ました．

知りたいことは？

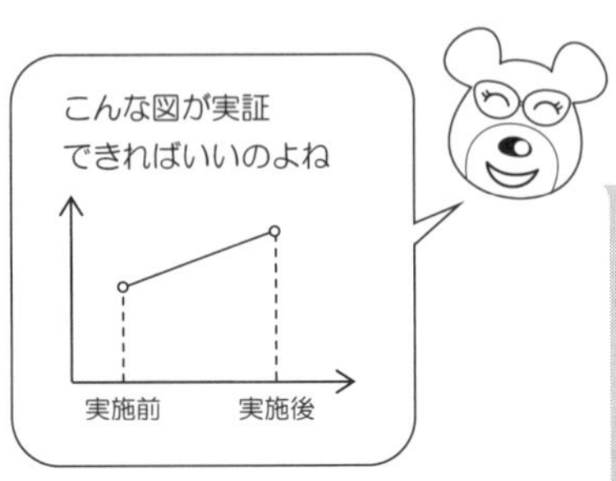

- 栄養管理により，上腕部皮下脂肪厚に変化がみられたかどうかをグラフ表現したい．
- 栄養管理により，上腕部皮下脂肪厚が増加したかどうか知りたい．
- 従来の栄養管理法では施設入所後の上腕部皮下脂肪厚の増加割合は約34％といわれていたが，この施設での栄養管理による上腕部皮下脂肪厚の増加割合がそれと同じかどうか知りたい．

表 10.1.1　栄養管理実施前後の上腕部皮下脂肪厚

被験者 No.	栄養管理実施前 (mm)	栄養管理実施後 (mm)	実施後－実施前 (mm)
1	13.0	12.8	−0.2
2	10.3	15.2	4.9
3	8.2	7.1	−1.1
4	7.4	9.5	2.1
5	4.3	7.8	3.5
6	18.1	16.9	−1.2
7	9.2	11.3	2.1
8	31.3	29.1	−2.2
9	12.5	16.7	4.2
10	7.6	8.9	1.3
11	23.7	24.9	1.2
12	18.8	21.5	2.7
13	26.2	26.2	0.0
14	33.8	32.1	−1.7
15	5.7	9.2	3.5

このようなときは，次の統計処理が考えられます．

統計処理 1

栄養管理実施前と実施後で，折れ線グラフを描く． ☞ p. 50

統計処理 2

栄養管理実施前と実施後で，対応のある2つの母平均の差の検定をする． ☞ p. 138

統計処理 3

栄養管理法の違いによる母比率の検定をする． ☞ p. 142

■ 仮説の検定とは？

仮説の検定とは，正規母集団に対する仮説 H_0 が成り立つかどうかを3つの手順にしたがって調べることです．母平均の検定は，次のようになります．

検定のための3つの手順 —— 仮説 H_0：母平均＝**146** の場合（両側検定）

手順 1　仮説と対立仮説をたてます．

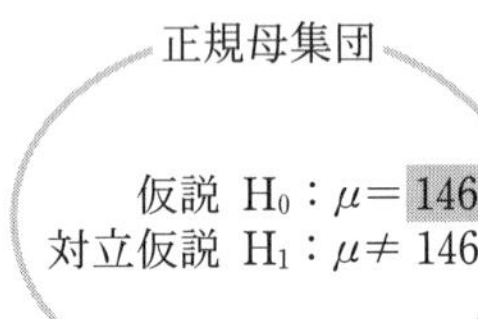

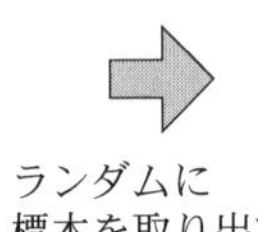

標本のデータ

No.	x
1	x_1
2	x_2
⋮	⋮
N	x_N

手順 2　標本から検定統計量 T を計算します．

$$\text{検定統計量 } T=\frac{\bar{x}-146}{\sqrt{\dfrac{s^2}{N}}}$$

手順 3　この検定統計量 T が棄却域に入るとき，仮説 H_0 を棄却します．

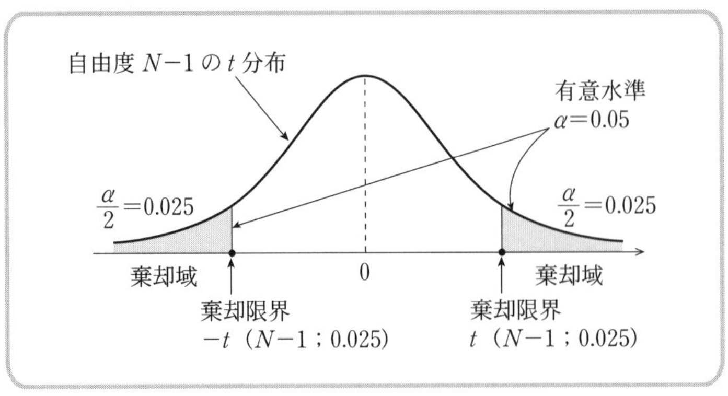

図 10.1.1　棄却域と棄却限界

■ 対応のある 2 つの母平均の差の検定とは？

対応のある場合には，2 つの変数 x_1 と x_2 の差

$$x_2-x_1$$

をとり，この差が 0 かどうかの検定をします．

表 10.1.2　対応のある場合は差をとります

No.	x_1	x_2	$x_2-x_1=x$
1	13.0	12.8	12.8−13.0= −0.2
2	10.3	15.2	15.2−10.3= 4.9
3	8.2	7.1	7.1− 8.2= −1.1
⋮	⋮	⋮	⋮
14	33.8	32.1	32.1−33.8= −1.7
15	5.7	9.2	9.2− 5.7= 3.5

したがって，検定のための 3 つの手順は，次のようになります．

検定のための 3 つの手順 ―― 対応のある 2 つの母平均の差の場合（両側検定）

手順 1　仮説 H_0：$\mu_2-\mu_1=0$

対立仮説 H_1：$\mu_2-\mu_1 \neq 0$

手順 2　検定統計量 $T=\dfrac{(\bar{x}_2-\bar{x}_1)-0}{\sqrt{\dfrac{s^2}{N}}}$

手順 3　この検定統計量 T が棄却域に入るとき，仮説 H_0 を棄却します．

このことを不等式で表現すると，次のようになります．

$T \leqq \ \ t(N \ \ 1, 0.025)$　または　$T \geqq t(N \ \ 1, 0.025)$

■ 比率の検定とは？

比率の検定とは，2 項母集団の母比率に対する仮説 H_0 が成り立つかどうかを次の 3 つの手順にしたがって調べることです．

検定のための 3 つの手順 ── 母比率が 0.146 の場合（両側検定）

手順 1　仮説と対立仮説をたてます．

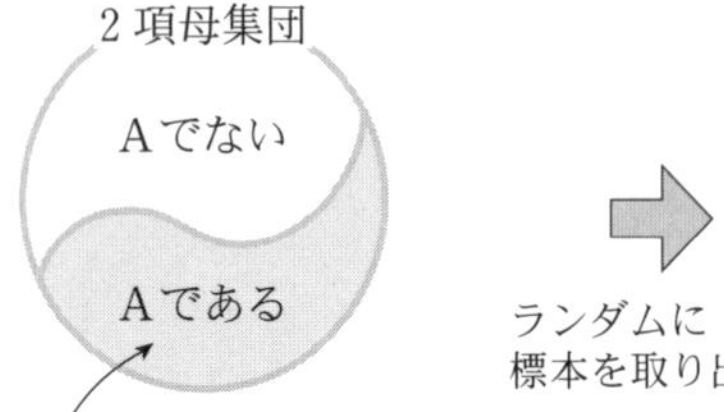

標本のデータ

A	$\overline{\text{A}}$	合計
m 個	$N-m$ 個	N 個

仮説 H_0：母比率 $p=0.146$

対立仮説 H_1：母比率 $p\neq 0.146$

手順 2　標本から検定統計量 T を計算します．

$$T=\frac{\dfrac{m}{N}-0.146}{\sqrt{\dfrac{0.146\times(1-0.146)}{N}}}$$

手順 3　この検定統計量 T が棄却域に入るとき，仮説 H_0 を棄却します．

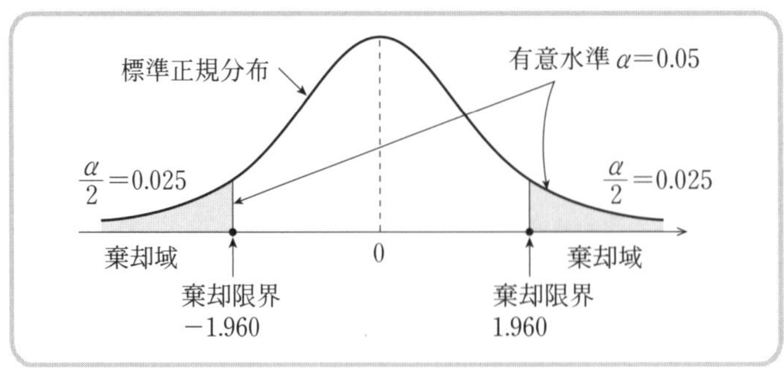

図 10.1.2　棄却域と棄却限界

報告書に書くときは！

【対応のある 2 つの母平均の差の検定の場合】

『……．そこで，栄養管理実施前と実施後で，上腕部皮下脂肪厚の平均値をグラフ表現すると，右の図のようになります．

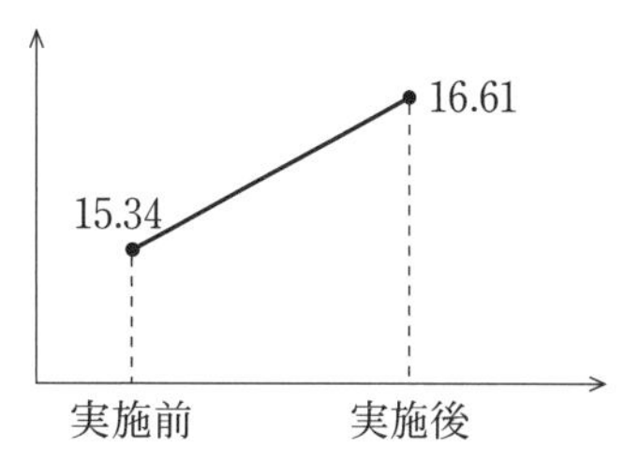

上腕部皮下脂肪厚の平均値

さらに，統計的に有意差があるかどうかを調べるために，対応のある2つの母平均の差の検定をしたところ，検定統計量−2.182，両側有意確率0.047となり，実施前と実施後で上腕部皮下脂肪厚に有意差がみられました．

このことから，今後の高齢者に対する栄養管理について ……………………

…………………………………………

…………………………………………

……………………………………… 』

p.135とp.140の検定統計量の符号が逆になっていますが有意確率は同じです

【母比率の検定の場合】

『……．そこで，栄養管理法の違いによる上腕部皮下脂肪厚の増加者割合について母比率が 34% と同じであるかを検定したところ，検定統計量 2.126 は棄却域に含まれ，母比率と差があることがわかりました．

このことから，今後の高齢者に対する栄養管理は ……………………

…………………………………………

…………………………………………

……………………………………… 』

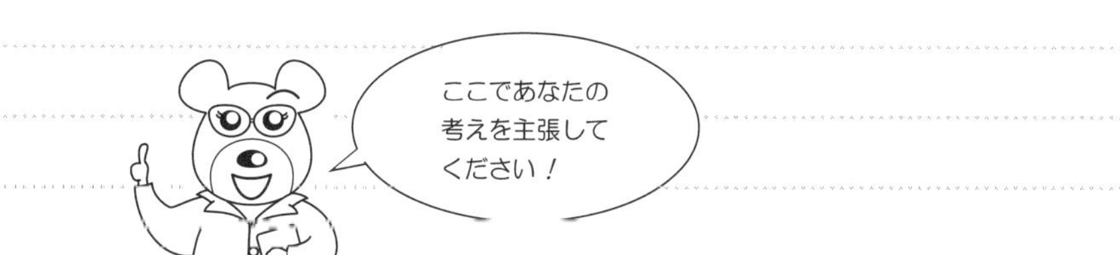

10.2 Excel 関数による対応のある 2 つの母平均の差の検定

手順 1　次のように入力しておきます．

	A	B	C	D	E	F	G	H
1	No.	実施後－実施前(mm)						
2	1	-0.2	データ数	15				
3	2	4.9						
4	3	-1.1	母平均	0				
5	4	2.1						
6	5	3.5	標本平均					
7	6	-1.2						
8	7	2.1	標本分散					
9	8	-2.2						
10	9	4.2	検定統計量					
11	10	1.3						
12	11	1.2	棄却限界					
13	12	2.7						
14	13	0						
15	14	-1.7						
16	15	3.5						
17								

仮説 H_0：
栄養管理実施後－実施前 ＝ 0
対立仮説 H_1：
栄養管理実施後－実施前 ≠ 0
の検定をします

手順 2　はじめに，標本平均を計算します．D6 のセルに

＝AVERAGE(B2：B16)

	A	B	C	D	E	F	G	H
1	No.	実施後－実施前(mm)						
2	1	-0.2	データ数	15				
3	2	4.9						
4	3	-1.1	母平均	0				
5	4	2.1						
6	5	3.5	標本平均	=AVERAGE(B2:B16)				
7	6	-1.2						
8	7	2.1	標本分散					
9	8	-2.2						
10	9	4.2	検定統計量					
11	10	1.3						
12	11	1.2	棄却限界					
13	12	2.7						
14	13	0						
15	14	-1.7						
16	15	3.5						
17								

両側検定です

手順 3　次に，標本分散を計算します．D8 のセルに

=VAR.S(B2：B16)

	A	B	C	D	E	F	G	H
1	No.	実施後−実施前(mm)						
2	1	-0.2	データ数	15				
3	2	4.9						
4	3	-1.1	母平均	0				
5	4	2.1						
6	5	3.5	標本平均	1.273				
7	6	-1.2						
8	7	2.1	標本分散	=VAR.S(B2:B16)				
9	8	-2.2						
10	9	4.2	検定統計量					
11	10	1.3						
12	11	1.2	棄却限界					
13	12	2.7						
14	13	0						
15	14	-1.7						
16	15	3.5						
17								

手順 4　続いて，検定統計量を計算します．D10 のセルに

=(D6−D4)/(D8/D2)^0.5

	A	B	C	D	E	F	G	H
1	No.	実施後−実施前(mm)						
2	1	-0.2	データ数	15				
3	2	4.9						
4	3	-1.1	母平均	0				
5	4	2.1						
6	5	3.5	標本平均	1.273				
7	6	-1.2						
8	7	2.1	標本分散	5.106				
9	8	-2.2						
10	9	4.2	検定統計量	=(D6-D4)/(D8/D2)^0.5				
11	10	1.3						
12	11	1.2	棄却限界					
13	12	2.7						
14	13	0						
15	14	-1.7						
16	15	3.5						
17								

$\frac{\bar{x}-0}{\sqrt{\frac{s^2}{N}}}$ の計算です

手順 5　最後に，棄却限界を計算します．D12 のセルに

=T.INV.2T(0.05, 14)

	A	B	C	D	E	F	G	H
1	No.	実施後ー実施前(mm)						
2	1	-0.2	データ数	15				
3	2	4.9						
4	3	-1.1	母平均	0				
5	4	2.1						
6	5	3.5	標本平均	1.273				
7	6	-1.2						
8	7	2.1	標本分散	5.106				
9	8	-2.2						
10	9	4.2	検定統計量	2.182				
11	10	1.3						
12	11	1.2	棄却限界	=T.INV.2T(0.05,14)				
13	12	2.7						
14	13	0						
15	14	-1.7						
16	15	3.5						
17								

手順 6　次のようになりましたか？

	A	B	C	D	E	F	G	H
1	No.	実施後ー実施前(mm)						
2	1	-0.2	データ数	15				
3	2	4.9						
4	3	-1.1	母平均	0				
5	4	2.1						
6	5	3.5	標本平均	1.273				
7	6	-1.2						
8	7	2.1	標本分散	5.106				
9	8	-2.2						
10	9	4.2	検定統計量	2.182				
11	10	1.3						
12	11	1.2	棄却限界	2.145				
13	12	2.7						
14	13	0						
15	14	-1.7						
16	15	3.5						
17								

手順7　以上のことから，検定統計量と棄却限界の関係は，次のようになります．

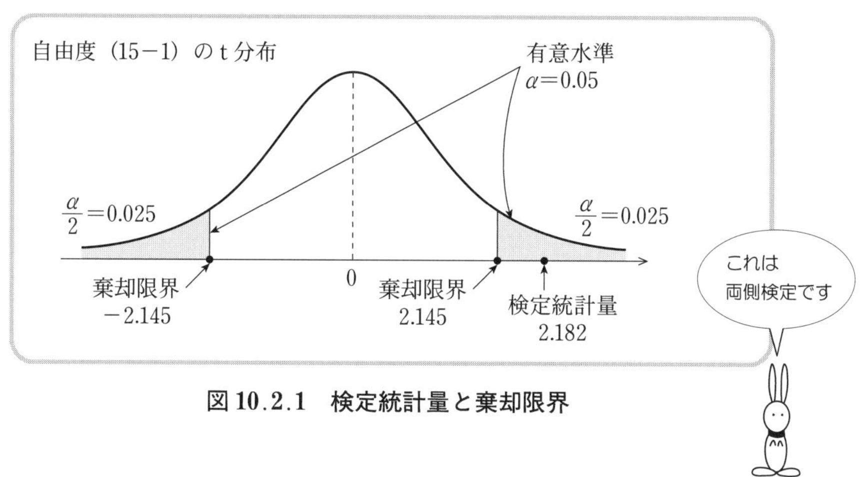

図10.2.1　検定統計量と棄却限界

したがって，

検定統計量 2.182≧棄却限界 2.145

なので，仮説 H_0 は棄却されます．

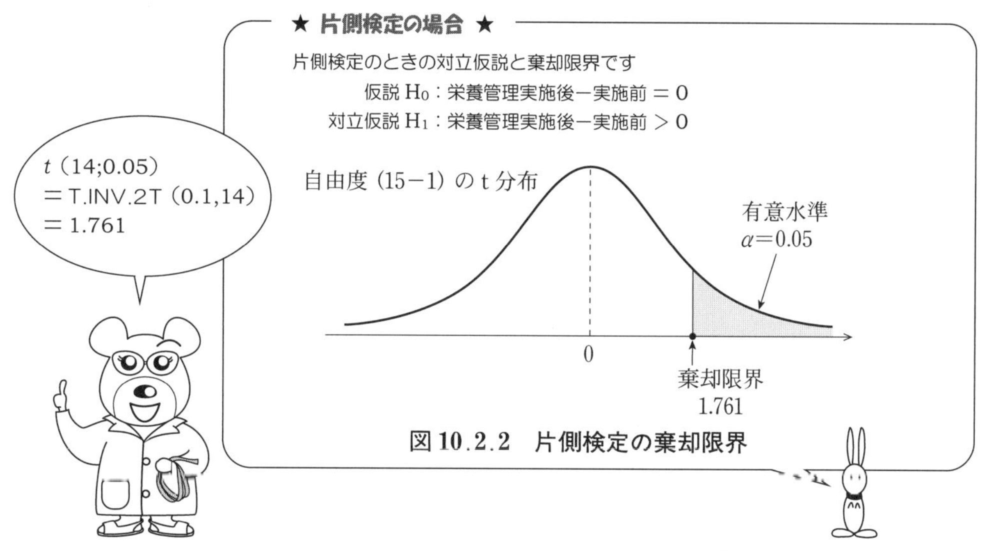

図10.2.2　片側検定の棄却限界

10.3 Excel の分析ツールによる対応のある 2 つの母平均の差の検定

手順 1　データを入力したら，データ の中の データ分析 を選択.

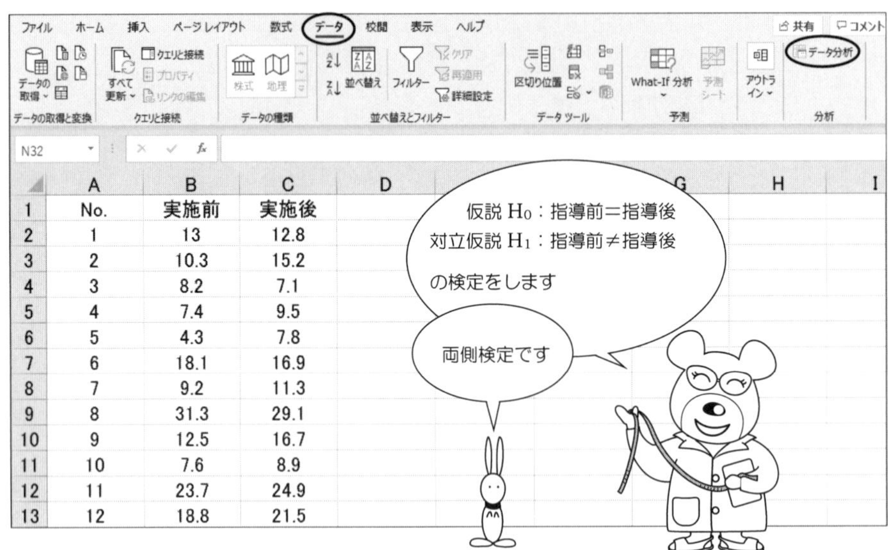

	A	B	C
1	No.	実施前	実施後
2	1	13	12.8
3	2	10.3	15.2
4	3	8.2	7.1
5	4	7.4	9.5
6	5	4.3	7.8
7	6	18.1	16.9
8	7	9.2	11.3
9	8	31.3	29.1
10	9	12.5	16.7
11	10	7.6	8.9
12	11	23.7	24.9
13	12	18.8	21.5

手順 2　次の 分析ツール(A) の中から

t 検定：一対の標本による平均の検定

を選択して， OK .

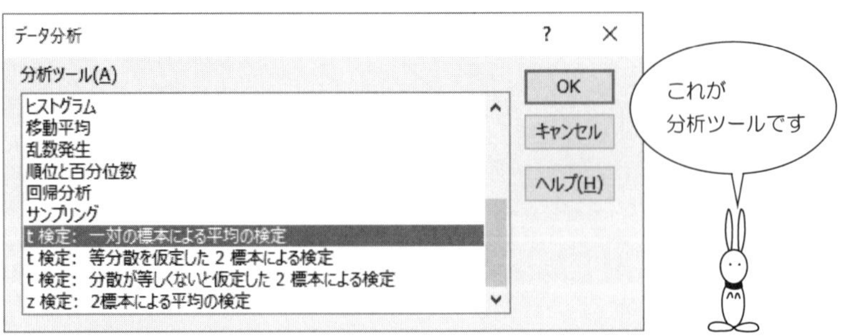

手順 3　変数 1 の入力範囲(1) のところに

B2：B16

と入力.

t 検定: 一対の標本による平均の検定　?　×
入力元
変数 1 の入力範囲(1):　B2:B16
変数 2 の入力範囲(2):
仮説平均との差異(Y):
□ ラベル(L)
α(A):　0.05
出力オプション
○ 出力先(O):
◉ 新規ワークシート(P):
○ 新規ブック(W)
OK
キャンセル
ヘルプ(H)

実施前
⇒変数 1

手順 4　続いて，変数 2 の入力範囲(2) のところに

C2：C16

と入力.

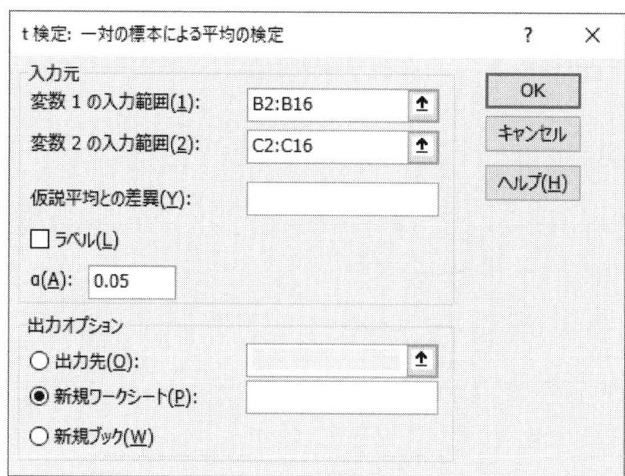

手順 5　最後に，**仮説平均との差異(Y)** のところに

0

と入力し，**OK**．

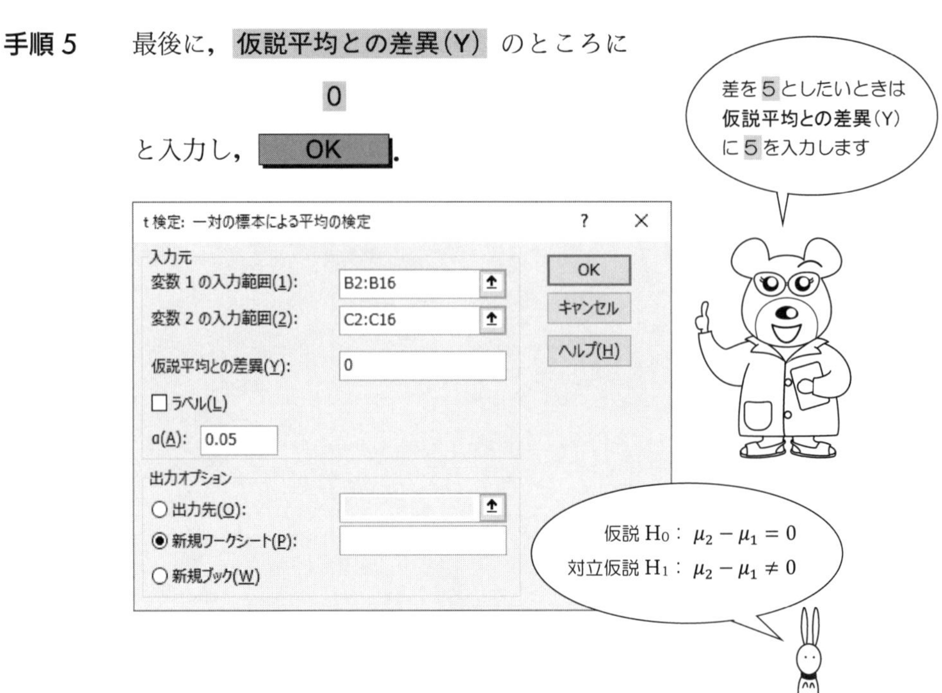

手順 6　次のようになりましたか？

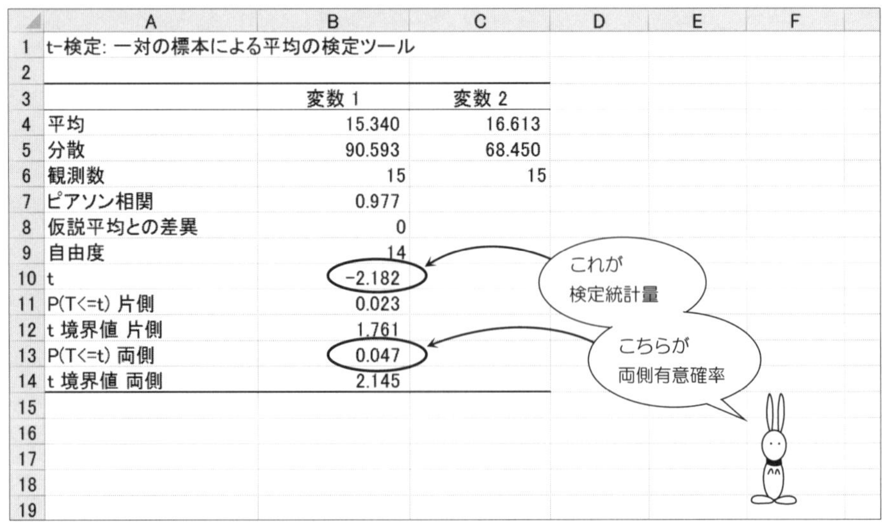

	A	B	C	D	E	F
1	t-検定: 一対の標本による平均の検定ツール					
2						
3		変数 1	変数 2			
4	平均	15.340	16.613			
5	分散	90.593	68.450			
6	観測数	15	15			
7	ピアソン相関	0.977				
8	仮説平均との差異	0				
9	自由度	14				
10	t	−2.182				
11	P(T<=t) 片側	0.023				
12	t 境界値 片側	1.761				
13	P(T<=t) 両側	0.047				
14	t 境界値 両側	2.145				
15						
16						
17						
18						
19						

手順７　以上のことから，

検定統計量と棄却限界，両側有意確率と有意水準の関係は

次のようになります．

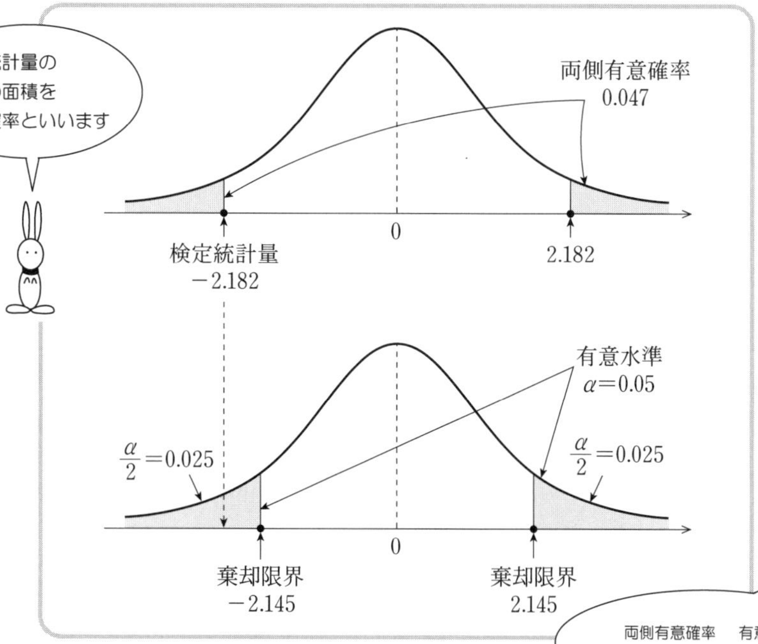

検定統計量の
外側の面積を
有意確率といいます

両側有意確率
0.047

0

検定統計量
−2.182

2.182

有意水準
$\alpha=0.05$

$\frac{\alpha}{2}=0.025$

$\frac{\alpha}{2}=0.025$

0

棄却限界
−2.145

棄却限界
2.145

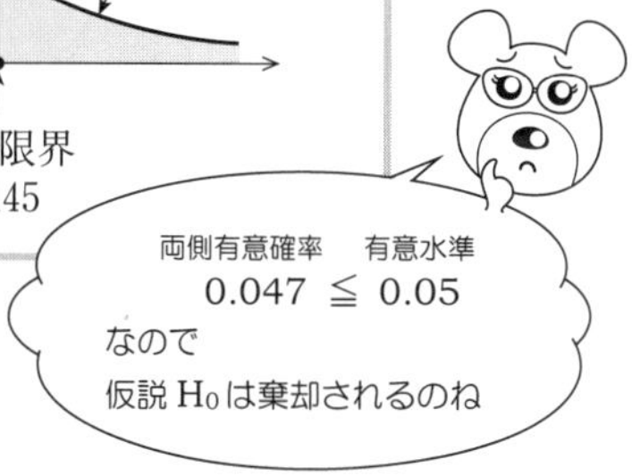

両側有意確率　有意水準
0.047 ≦ 0.05
なので
仮説 H_0 は棄却されるのね

図 10.3.1　検定統計量と両側有意確率

したがって，

$$\text{検定統計量 } -2.182 \leqq \text{棄却限界 } -2.145$$

なので，仮説 H_0 は棄却されます．

このことから

“栄養管理実施前と実施後とでは

上腕部皮下脂肪厚に差がある”

ことがわかりました．

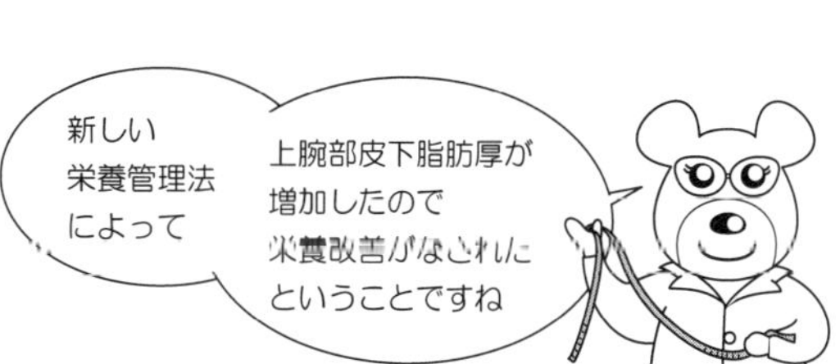

10.4 Excel 関数による母比率の検定

従来の栄養管理法では上腕部皮下脂肪厚の増加する割合は約 34% といわれてきました.

ところが, 管理栄養士による新しい栄養管理システムの下では, 被験者 15 人中 9 人の皮下脂肪厚が増加していました.

表 10.4.1 皮下脂肪厚の変化

	増加した人	減少した人	変化しなかった人	合計
皮下脂肪厚	9 人	5 人	1 人	15 人

この新しい栄養管理法は, 従来の方法よりすぐれているといえるのでしょうか?

そこで, 管理栄養士は母比率の検定をおこなうことにしました.

手順 1 次のように入力しておきます.

	A	B	C	D	E	F	G	H
1		増加した人	減少した人	変化しなかった人	合計			
2	人数	9	5	1	15			
3								
4	母比率	0.34						
5								
6	標本比率							
7								
8	統計検定量							
9								
10								
11								
12								
13								
14								

手順 2　次に，標本比率を計算します．B6 のセルに

=B2/E2

と入力します．

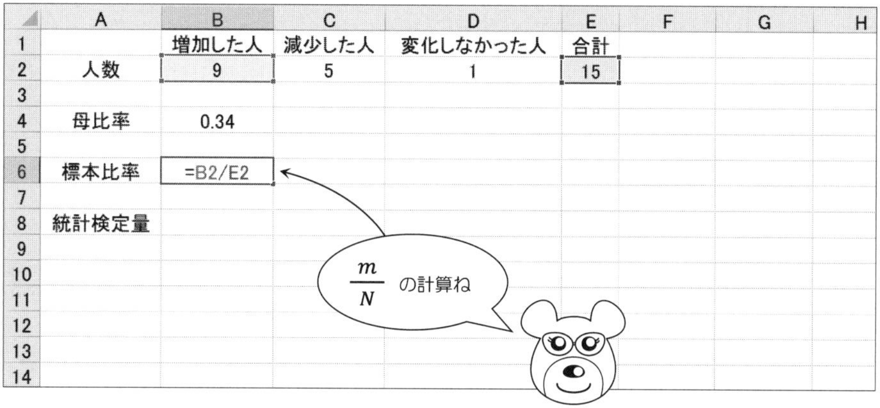

	A	B	C	D	E	F	G	H
1		増加した人	減少した人	変化しなかった人	合計			
2	人数	9	5	1	15			
3								
4	母比率	0.34						
5								
6	標本比率	=B2/E2						
7								
8	統計検定量							
9								
10								
11								
12								
13								
14								

手順 3　次に，検定統計量を計算します．B8 のセルに

=(B6−B4)/(B4 ∗ (1−B4)/E2)^0.5

と入力します．

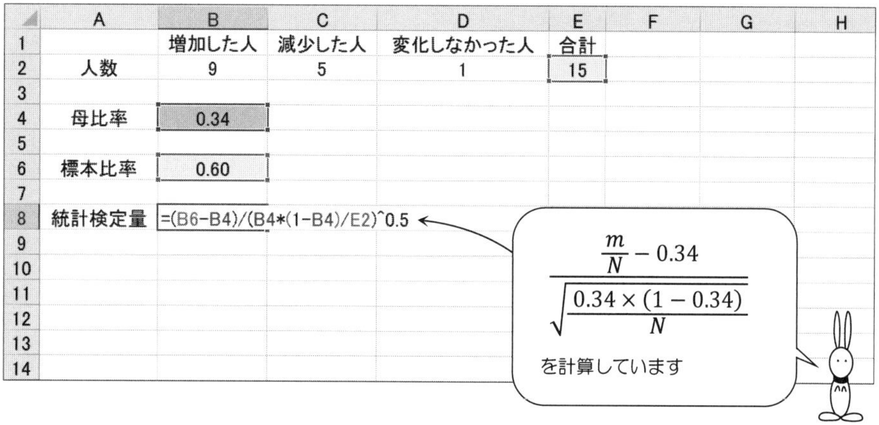

	A	B	C	D	E	F	G	H
1		増加した人	減少した人	変化しなかった人	合計			
2	人数	9	5	1	15			
3								
4	母比率	0.34						
5								
6	標本比率	0.60						
7								
8	統計検定量	=(B6-B4)/(B4*(1-B4)/E2)^0.5						
9								
10								
11								
12								
13								
14								

手順 4　次のようになりましたか？

	A	B	C	D	E	F	G	H
1		増加した人	減少した人	変化しなかった人	合計			
2	人数	9	5	1	15			
3								
4	母比率	0.34						
5								
6	標本比率	0.60						
7								
8	統計検定量	2.126						
9								
10								

手順 5　以上のことから，検定統計量と棄却限界の関係は，次のようになります．

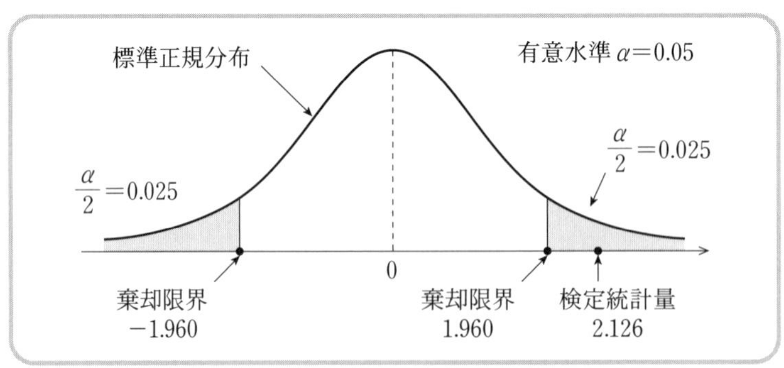

図 10.4.1　検定統計量と棄却限界

したがって，

検定統計量 2.126≧棄却限界 1.960

なので，仮説 H_0 は棄却されます．

このことから

“新しい栄養管理法による上腕部皮下脂肪厚の

増加する割合は 34% ではない”

ということがわかりました．

ここで，理解度をチェック！

次のデータは，20 人の調査対象者が，空腹のときと空腹でないときにコンビニで買い物をした食品数です．

コンビニで買った食品数

調査対象者	空腹のとき	空腹でないとき
1	9	6
2	6	7
3	4	5
4	13	11
5	5	2
6	9	6
7	10	9
8	9	8
9	5	3
10	12	10
11	5	5
12	7	6
13	7	3
14	3	6
15	4	4
16	11	12
17	8	5
18	8	4
19	6	6
20	4	4

問 10.1　空腹のときと空腹でないときで，コンビニで買い物をした食品数に違いがあるのでしょうか？

問 10.2　女子高生の栄養成分表示を見る人の割合は 23% といわれています．そこで，120 人の女子高生に対して栄養教育をおこなったところ，買い物のときに栄養成分表示を見る人が 45 人でした．母比率の検定をしてください．

第11章

仮説の検定による データのまとめ方（2）

11.1 平均の差の検定と比率の差の検定

【2つの母平均の差の検定の場合】

管理栄養士は悩んでいます．

夕食時刻の遅い高齢者は
果物類をあまり食べて
いないのでは？

そこで，夕食時刻の早いグループと遅いグループに対して，夕食から就寝までの果実類や菓子類の摂取量を調査しました．

表 11.1.1　夕食時刻の違いによる果実類と菓子類の摂取量

夕食時刻の早いグループ A

調査対象者	果実類 (g)	菓子類 (g)
1	25.6	23.6
2	31.3	24.1
3	12.8	65.7
4	28.8	11.7
5	36.4	41.4
6	11.5	34.9
7	32.6	22.1
8	56.0	16.3
9	23.8	31.0
10	26.0	24.6
11	54.4	13.8
12	43.2	36.8
13	55.6	32.5
14	30.2	24.8
15	41.3	37.0

夕食時刻の遅いグループ B

調査対象者	果実類 (g)	菓子類 (g)
1	15.9	40.1
2	10.9	17.6
3	4.4	32.9
4	20.5	30.8
5	32.8	15.1
6	8.6	24.5
7	12.5	14.4
8	7.9	25.1
9	42.9	34.6
10	46.5	27.0
11	35.7	30.1
12	9.8	20.5
13	43.9	29.4
14	24.4	31.1
15	3.8	35.7

2週間の平均を
とりました

【2つの母比率の差の検定の場合】

管理栄養士は悩んでいます．

そこで，高齢者を2つのグループに分け，グループAには従来の栄養管理法をグループBには新しい栄養管理法を実施し，身体計測値から栄養素等摂取状況の改善度をみてみようと考えました．

6カ月プログラムによる栄養管理の前後で上腕周囲長を測定したところ，増加した人は，次のようになりました．

表 11.1.2　栄養管理実施前後の上腕周囲長の変化

グループA：従来の栄養管理法

	増加した人	増加しなかった人
人　数	33人	17人

グループB：新しい栄養管理法

	増加した人	増加しなかった人
人　数	42人	8人

知りたいことは？

- 夕食時刻の早いグループと遅いグループとでは，果実類の摂取量に違いがあるかどうか知りたい．
- 従来の栄養管理法と新しい栄養管理法とでは，上腕周囲長の増加者の割合に差があるのかどうか知りたい．

このようなときは，次の統計処理が考えられます．

統計処理 1

夕食時刻の早いグループと遅いグループの，果実類の摂取量は同じであると仮説をたて，2 つの母平均の差の検定をおこなう． ☞p. 152

統計処理 2

従来の栄養管理法と新しい栄養管理法とで，上腕周囲長が増加した人の比率は同じであると仮説をたて，2 つの母比率の差の検定をおこなう． ☞p. 156

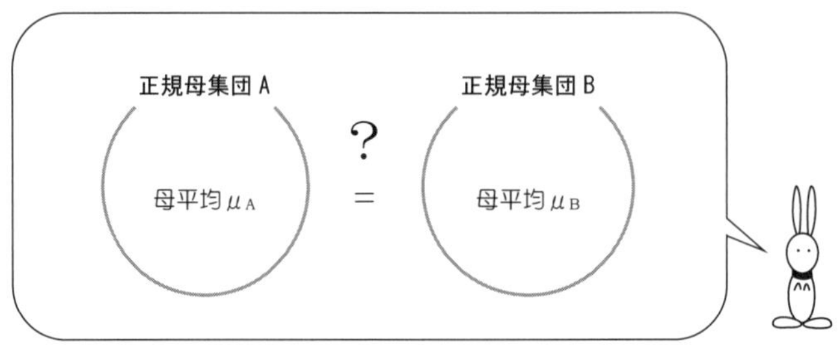

■ 2つの母平均の差の検定とは？

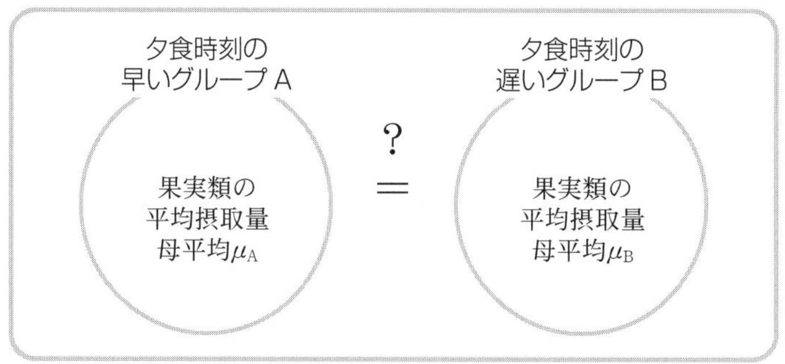

図 11.1.1　2つの母平均 μ_A，μ_B を比較する

このとき，

仮説 H_0：夕食時刻の早いグループと遅いグループの果実類の平均摂取量は等しい

対立仮説 H_1：夕食時刻の早いグループと遅いグループの果実類の平均摂取量は異なる

を調べるのが

"2つの母平均の差の検定"

です．

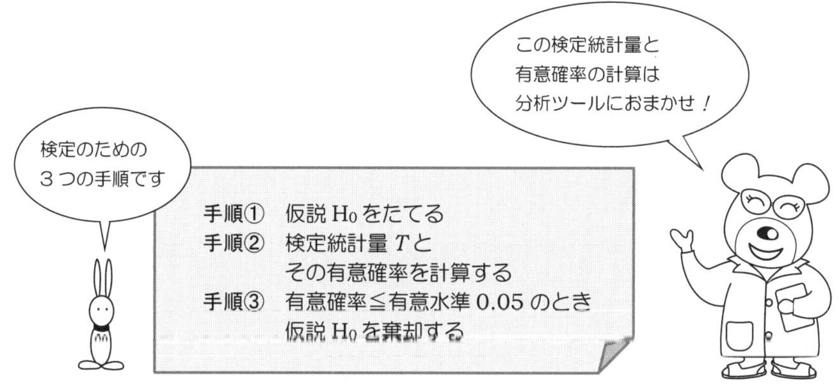

■ 2つの母比率の差の検定とは？

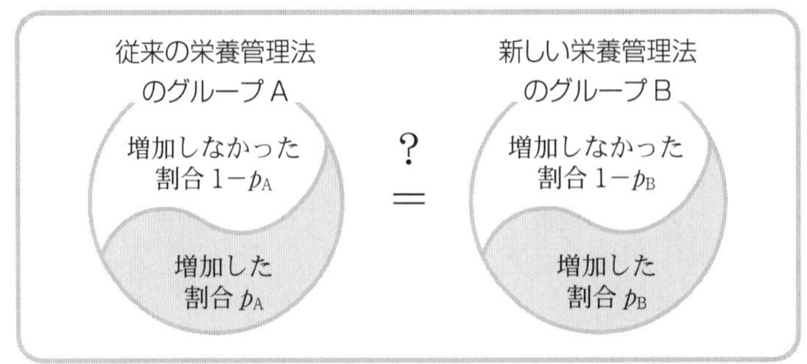

図 11.1.2　2つの母比率 p_A，p_B を比較する

このとき，

仮説 H_0：従来の栄養管理法で上腕周囲長が増加した人の割合と
新しい栄養管理法で上腕周囲長が増加した人の割合は等しい

対立仮説 H_1：従来の栄養管理法で上腕周囲長が増加した人の割合と
新しい栄養管理法で上腕周囲長が増加した人の割合は異なる

を調べるのが

“2つの母比率の差の検定”

です．

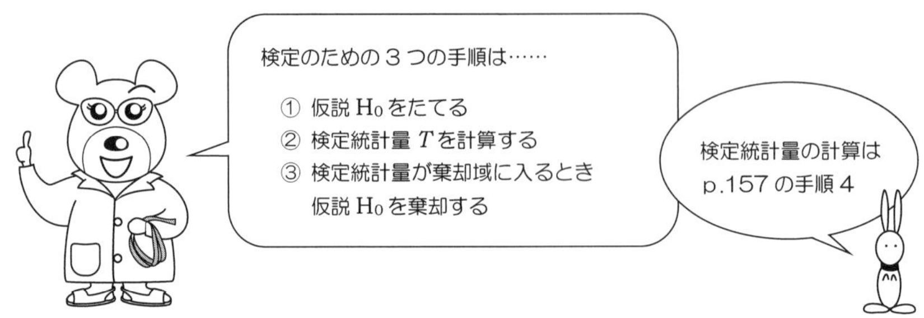

報告書に書くときは！

【2つの母平均の差の検定の場合】

『…….そこで，夕食時刻の早いグループと遅いグループとで果実類の摂取量を調査し，2つの母平均の差の検定をおこないました．その結果，検定統計量 t 値は2.358，両側有意確率は0.026なので，夕食時刻の早いグループと遅いグループとでは果実類の摂取量に有意差があることがわかりました．

このことから，夕食の時刻は ……………………………………

…………………………………………………………………………

…………………………………………………………………………

…………………………………………………………………………

………………………………………………………………………』

有意確率≦有意水準のとき
仮説 H_0 は棄却されます

【2つの母比率の差の検定の場合】

『…….そこで，従来の栄養管理法と新しい栄養管理法で栄養素等摂取状況の改善をはかり，改善度評価のために上腕周囲長の増加者率に関する，2つの母比率の差の検定をおこないました．その結果，検定統計量は−2.078となり，2つの栄養管理法による上腕周囲長の増加者率に有意差があることがわかりました．

このことから，今後の栄養管理法としては ……………………………

…………………………………………………………………………

…………………………………………………………………………

…………………………………………………………………………

………………………………………………………………………』

この結果から
あなたはどんな
意見を述べますか？

11.2 Excel の分析ツールによる 2 つの母平均の差の検定

手順 1　次のように入力します.

	A	B	C	D	E
1	早いグループ			遅いグループ	
2	調査対象者	果実類		調査対象者	果実類
3	1	25.6		1	15.9
4	2	31.3		2	10.9
5	3	12.8		3	4.4
6	4	28.8		4	20.5
7	5	36.4		5	32.8
8	6	11.5		6	8.6
9	7	32.6		7	12.5
10	8	56		8	7.9
11	9	23.8		9	42.9
12	10	26		10	46.5
13	11	54.4		11	35.7
14	12	43.2		12	9.8
15	13	55.6		13	43.9
16	14	30.2		14	24.4
17	15	41.3		15	3.8
18					

夕食時刻の早いグループと遅いグループとで果物類の摂取量が同じかどうかの検定をします

両側検定です

手順 2　**データ** のメニューから, **データ分析** を選択します.

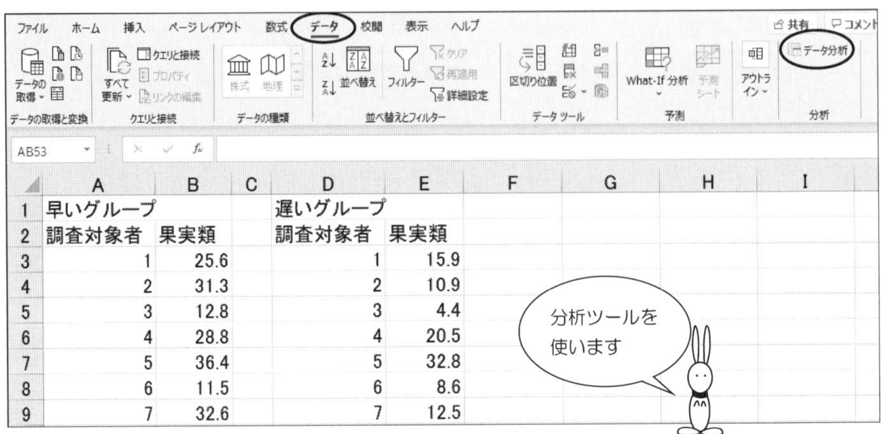

	A	B	C	D	E
1	早いグループ			遅いグループ	
2	調査対象者	果実類		調査対象者	果実類
3	1	25.6		1	15.9
4	2	31.3		2	10.9
5	3	12.8		3	4.4
6	4	28.8		4	20.5
7	5	36.4		5	32.8
8	6	11.5		6	8.6
9	7	32.6		7	12.5

手順 3　次の **分析ツール(A)** の中から

　　　t 検定：等分散を仮定した 2 標本による検定

をクリックして，**OK**.

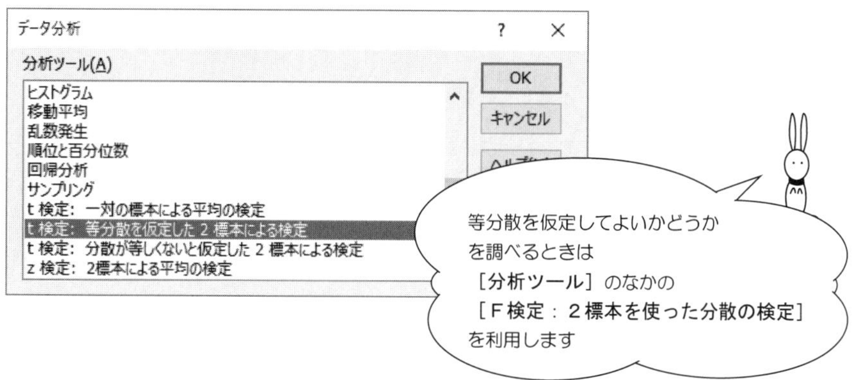

手順 4　ここで，夕食時刻の早いグループのデータを入力します.

　　　変数 1 の入力範囲(1)　に　B2：B17

と入力.

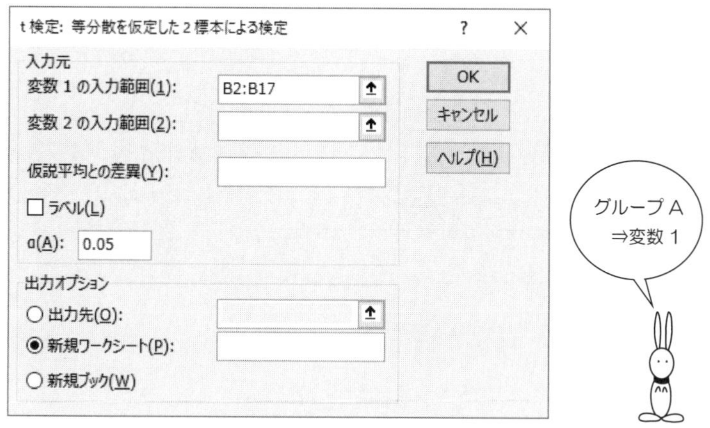

手順 5　次に，夕食時刻の遅いグループのデータを入力して，  .

変数２の入力範囲(2)　に　E2：E17

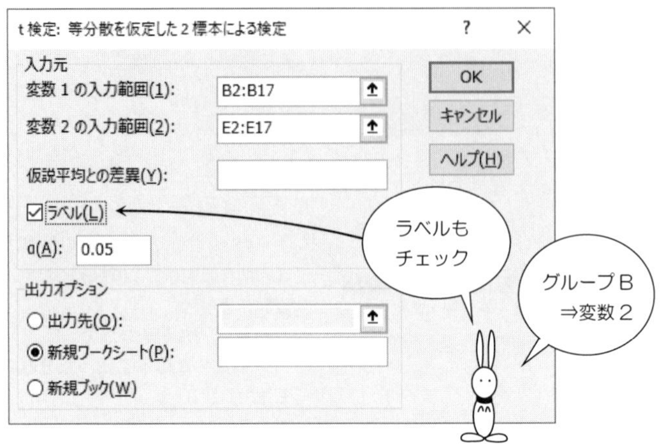

手順 6　次のようになりましたか？

	A	B	C	D	E	F	G
1	t-検定: 等分散を仮定した2標本による検定						
2							
3		果実類	果実類				
4	平均	33.967	21.367				
5	分散	196.815	231.562				
6	観測数	15	15				
7	プールされた分散	214.189					
8	仮説平均との差異	0					
9	自由度	28					
10	t	2.358					
11	P(T<=t) 片側	0.013					
12	t 境界値 片側	1.701					
13	P(T<=t) 両側	0.026					
14	t 境界値 両側	2.048					
15							
16							
17							

これが
検定統計量

こちらが
両側有意確率

手順 7　以上のことから，両側有意確率と有意水準は，次のようになります．

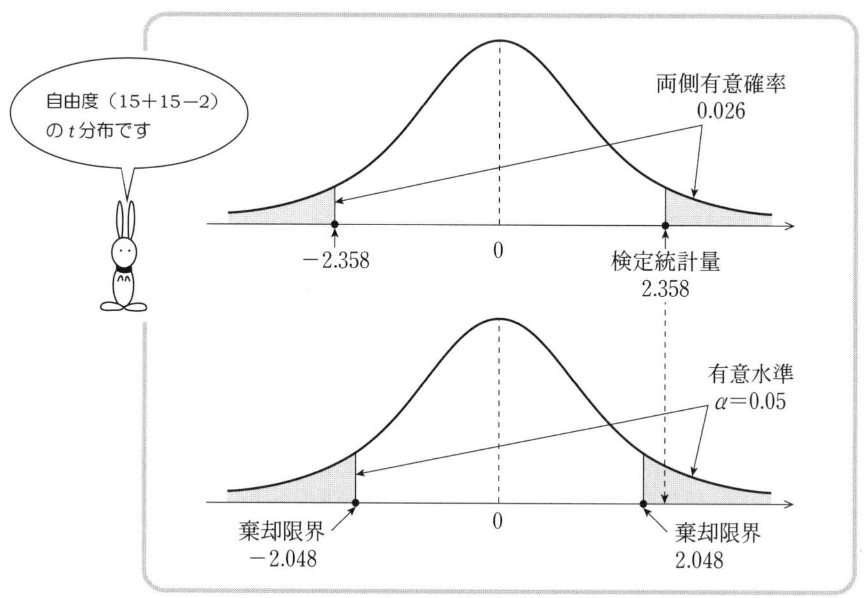

図 11.2.1　両側有意確率と有意水準

したがって，

両側有意確率 0.026≦有意水準 0.05

なので，仮説 H_0 は棄てられます．

11.3 Excel 関数による 2 つの母比率の差の検定

手順 1　次のように入力したら，従来の栄養管理法 A による標本比率 A を計算します．

B5 のセルに　=B2/D2　と入力．

	A	B	C	D	E	F	G
1		増加した人	増加しなかった人	合計			
2	従来の栄養管理法A	33	17	50			
3	新しい栄養管理法B	42	8	50			
4							
5	標本比率A	=B2/D2					
6							
7	標本比率B						
8							
9	AとBの比率						
10							
11	検定統計量						
12							
13							

手順 2　次に，新しい栄養管理法 B による標本比率 B を計算します．

B7 のセルに　=B3/D3　と入力．

	A	B	C	D	E	F	G
1		増加した人	増加しなかった人	合計			
2	従来の栄養管理法A	33	17	50			
3	新しい栄養管理法B	42	8	50			
4							
5	標本比率A	0.660					
6							
7	標本比率B	=B3/D3					
8							
9	AとBの比率						
10							
11	検定統計量						
12							
13							

手順 3　続いて，従来の栄養管理法 A と新しい栄養管理法 B をいっしょにしたときの標本比率を計算します．

B9 のセルに　＝(B2＋B3)/(D2＋D3)　と入力．

	A	B	C	D	E	F	G
1		増加した人	増加しなかった人	合計			
2	従来の栄養管理法A	33	17	50			
3	新しい栄養管理法B	42	8	50			
4							
5	標本比率A	0.660					
6							
7	標本比率B	0.840					
8							
9	AとBの比率	=(B2+B3)/(D2+D3)					
10							
11	検定統計量						
12							
13							
14							

手順 4　最後に，検定統計量を計算します．

B11 のセルに，次のように入力．

＝(B5－B7)/(B9 ＊ (1－B9) ＊ (1/D2＋1/D3))^0.5

	A	B	C	D	E	F	G
1		増加した人	増加しなかった人	合計			
2	従来の栄養管理法A	33	17	50			
3	新しい栄養管理法B	42	8	50			
4							
5	標本比率A	0.660					
6							
7	標本比率B	0.840					
8							
9	AとBの比率	0.750					
10							
11	検定統計量	=(B5-B7)/(B9*(1-B9)*(1/D2+1/D3))^0.5					
12							
13							
14							

手順 5　次のようになりましたか？

	A	B	C	D	E	F	G
1		増加した人	増加しなかった人	合計			
2	従来の栄養管理法A	33	17	50			
3	新しい栄養管理法B	42	8	50			
4							
5	標本比率A	0.660					
6							
7	標本比率B	0.840					
8							
9	AとBの比率	0.750					
10							
11	検定統計量	-2.078					
12							
13							

手順 6　以上のことから，検定統計量と棄却限界の関係は次のようになります．

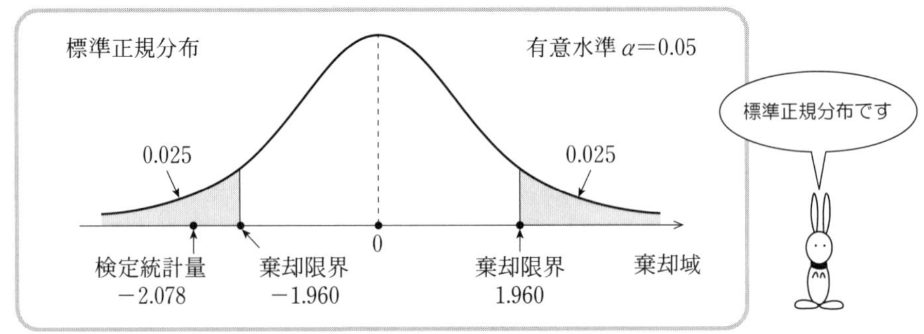

図 11.3.1　検定統計量と棄却限界

したがって，

$$\text{検定統計量}\ -2.078 \leqq \text{棄却限界}\ -1.960$$

なので，仮説 H_0 は棄てられます．

ここで，理解度をチェック！

次のデータは，ストレスを与えた被験者 20 人と，ストレスを与えていない被験者 20 人が，それぞれスーパーで買い物をしたときに購入した食品のエネルギー量の合計と，被験者の体重を測定した結果です．

スーパーで購入した食品のエネルギー量と体重

ストレスを与えたグループ A

被験者 No.	エネルギー (kcal)	体　重 (kg)
1	5716	77.0
2	5662	58.4
3	3956	46.9
4	5122	72.4
5	4900	47.0
6	5578	48.7
7	5536	75.4
8	5871	66.4
9	5831	69.8
10	5683	58.5
11	4823	47.1
12	5631	65.7
13	4595	60.2
14	5716	51.0
15	5296	71.7
16	4675	45.9
17	5497	76.2
18	4674	62.0
19	5154	63.4
20	4974	71.6

ストレスを与えていないグループ B

被験者 No.	エネルギー (kcal)	体　重 (kg)
1	4820	70.4
2	4233	70.0
3	5147	71.2
4	5766	58.8
5	5719	74.2
6	6040	85.9
7	3690	51.5
8	4859	66.5
9	5657	84.6
10	4348	50.3
11	4586	71.2
12	3986	48.7
13	3892	39.2
14	4413	69.8
15	4536	50.0
16	3729	40.3
17	4659	72.3
18	4758	60.2
19	5081	55.5
20	4781	66.0

問 11.1　この 2 つのグループ間に差があるのでしょうか？
体重 1 kg 当たりのエネルギー量にデータを変換して，
2 つの母平均の差の検定をしてください．

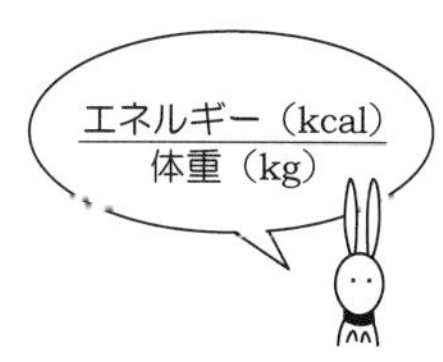

第12章 クロス集計表による データのまとめ方 (2)

12.1 独立性の検定

介護福祉士は悩んでいます．

近い将来
高齢化がもっと進んだとき
介護をしてくれる若い日本の人たちは
いるのかしら？

そこで，介護労働の外国人受け入れについて，

次のようなアンケート調査をおこないました．

表 12.1.1　アンケート調査票

項目 1　あなたの年齢は？

1．40 代　　2．50 代　　3．60 代　　4．70 代

項目 2　あなたは介護労働の外国人受け入れについてどう思いますか？

1．認めない
2．どちらかといえば認めない
3．わからない
4．どちらかといえば認める
5．認める

アンケート結果は
p.162～163 を
見てくださいね

知りたいことは？

- 40代・50代・60代・70代の各年代別に，介護労働の外国人受け入れを認めるか認めないかのデータを表にまとめたい.
- 40代・50代・60代・70代を属性A，介護労働の外国人受け入れを認めるか認めないかを属性Bとしたとき，属性Aと属性Bの間に関連があるかどうか調べたい.

このようなときは，次の統計処理が考えられます.

統計処理 1

40代・50代・60代・70代を行に，介護労働の外国人受け入れを列にとり，クロス集計表を作成する. ☞p. 168

統計処理 2

年代を属性A，介護労働の外国人受け入れを属性Bとしたとき，2つの属性の間に関連はないという仮説をたてて独立性の検定をおこなう. ☞p. 172

表 12.1.2　介護労働の外国人受け入れについて

調査回答者	年代	介護労働の外国人受け入れ
1	60代	どちらかといえば認めない
2	50代	認めない
3	60代	どちらかといえば認める
4	60代	認める
5	40代	認めない
6	50代	認めない
7	50代	認める
8	60代	どちらかといえば認めない
9	50代	どちらかといえば認める
10	50代	どちらかといえば認める
11	70代	認めない
12	60代	わからない
13	60代	認める
14	60代	わからない
15	60代	どちらかといえば認めない
16	50代	どちらかといえば認めない
17	40代	どちらかといえば認めない
18	70代	認めない
19	40代	認める
20	60代	どちらかといえば認める
21	40代	認めない
22	40代	どちらかといえば認める
23	70代	認める
24	50代	どちらかといえば認める
25	40代	どちらかといえば認めない
26	50代	認める
27	70代	どちらかといえば認める
28	40代	どちらかといえば認める
29	70代	どちらかといえば認めない
30	60代	どちらかといえば認めない
31	40代	どちらかといえば認める
32	70代	どちらかといえば認める

調査回答者	年代	介護労働の外国人受け入れ
33	60代	どちらかといえば認めない
34	50代	どちらかといえば認める
35	40代	どちらかといえば認める
36	60代	どちらかといえば認めない
37	40代	認める
38	50代	わからない
39	40代	どちらかといえば認める
40	50代	わからない
41	40代	どちらかといえば認める
42	40代	認める
43	40代	どちらかといえば認める
44	70代	どちらかといえば認めない
45	70代	わからない
46	40代	どちらかといえば認めない
47	60代	どちらかといえば認める
48	70代	認めない
49	60代	どちらかといえば認める
50	40代	どちらかといえば認める
51	50代	認める
52	40代	わからない
53	50代	認めない
54	50代	どちらかといえば認める
55	70代	どちらかといえば認めない
56	60代	どちらかといえば認める
57	60代	認める
58	70代	わからない
59	50代	どちらかといえば認める
60	40代	どちらかといえば認める
61	60代	認めない
62	70代	どちらかといえば認めない
63	50代	どちらかといえば認める
64	60代	どちらかといえば認める

調査回答者	年代	介護労働の外国人受け入れ
65	70代	認めない
66	50代	認める
67	50代	認める
68	40代	どちらかといえば認めない
69	70代	どちらかといえば認める
70	70代	どちらかといえば認める
71	50代	認める
72	50代	どちらかといえば認める
73	70代	どちらかといえば認めない
74	60代	認める
75	40代	どちらかといえば認める
76	60代	認めない
77	70代	どちらかといえば認めない
78	70代	わからない
79	70代	どちらかといえば認めない
80	60代	わからない
81	50代	認めない
82	40代	認める
83	70代	認める
84	60代	認めない
85	50代	どちらかといえば認めない
86	70代	どちらかといえば認める
87	50代	どちらかといえば認めない
88	50代	どちらかといえば認める
89	60代	認めない
90	50代	どちらかといえば認めない
91	40代	わからない
92	40代	認める
93	40代	認める
94	70代	認めない
95	60代	認める
96	50代	どちらかといえば認める

調査回答者	年代	介護労働の外国人受け入れ
97	40代	どちらかといえば認める
98	60代	どちらかといえば認めない
99	60代	認める
100	50代	わからない
101	60代	どちらかといえば認める
102	40代	どちらかといえば認める
103	70代	どちらかといえば認めない
104	40代	認める
105	40代	認める
106	40代	どちらかといえば認める
107	70代	認めない
108	70代	どちらかといえば認めない
109	60代	どちらかといえば認める
110	70代	認めない
111	70代	わからない
112	70代	わからない
113	60代	どちらかといえば認めない
114	40代	どちらかといえば認めない
115	50代	どちらかといえば認める
116	40代	わからない
117	70代	どちらかといえば認めない
118	60代	どちらかといえば認める
119	70代	どちらかといえば認める
120	70代	認めない
121	50代	どちらかといえば認めない
122	50代	どちらかといえば認めない
123	50代	どちらかといえば認める
124	60代	認める
125	50代	どちらかといえば認めない
126	60代	どちらかといえば認める
127	40代	認める
128	70代	認めない

■ クロス集計表とは?

次のような表を**クロス集計表**といいます.

表 12.1.3　2×2 クロス集計表

属性 B ＼ 属性 A	B_1 赤ワインが好き	B_2 赤ワインが嫌い
A_1 女性	人	人
A_2 男性	人	人

表 12.1.4　4×5 クロス集計表

属性 B ＼ 属性 A	認めない	どちらかといえば認めない	わからない	どちらかといえば認める	認める
40 代	人	人	人	人	人
50 代	人	人	人	人	人
60 代	人	人	人	人	人
70 代	人	人	人	人	人

■ 独立性の検定とは?

独立性の検定とは，2 つの属性 A，B に対して

仮説 H_0：2 つの属性 A，B は互いに独立である

が成り立つかどうかを調べる検定のことです.

この仮説 H_0 が棄却されると，次のことがわかります.

“2 つの属性 A，B の間に関連がある”

独立性の検定の手順 ①―― 2×2 クロス集計表の場合

手順 1　　仮説 H_0：2 つの属性 A，B は互いに独立である

対立仮説 H_1：2 つの属性 A と B の間には関連がある

表 12.1.5　2×2 クロス集計表

	B_1	B_2	合　計
A_1	a	b	$a+b$
A_2	c	d	$c+d$
合　計	$a+c$	$b+d$	N

$N=a+b+c+d$

手順 2　検定統計量は，次のようになります．

$$T=\frac{\{N\times a-(a+b)\times(a+c)\}^2}{N\times(a+b)\times(a+c)}+\frac{\{N\times b-(a+b)\times(b+d)\}^2}{N\times(a+b)\times(b+d)}$$

$$+\frac{\{N\times c-(c+d)\times(a+c)\}^2}{N\times(c+d)\times(a+c)}+\frac{\{N\times d-(c+d)\times(b+d)\}^2}{N\times(c+d)\times(b+d)}$$

手順 3　棄却域と棄却限界は，次のようになります．

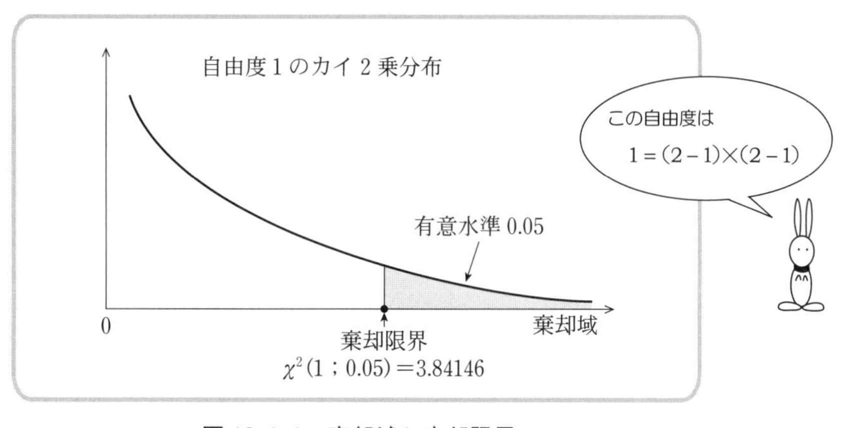

図 12.1.1　棄却域と棄却限界

独立性の検定の手順 ② —— 2×3 クロス集計表の場合

手順 1　　仮説 H_0：2 つの属性 A，B は互いに独立である

対立仮説 H_1：2 つの属性 A と B の間には関連がある

表 12.1.6　2×3 クロス集計表

	B_1	B_2	B_3	合　計
A_1	a	b	c	$a+b+c$
A_2	d	e	f	$d+e+f$
合　計	$a+d$	$b+e$	$c+f$	N

$N=a+b+c+d+e+f$

手順 2　検定統計量は，次のようになります．

$$T=\frac{\{N\times a-(a+b+c)\times(a+d)\}^2}{N\times(a+b+c)\times(a+d)}+\frac{\{N\times b-(a+b+c)\times(b+e)\}^2}{N\times(a+b+c)\times(b+e)}$$

$$+\frac{\{N\times c-(a+b+c)\times(c+f)\}^2}{N\times(a+b+c)\times(c+f)}+\frac{\{N\times d-(d+e+f)\times(a+d)\}^2}{N\times(d+e+f)\times(a+d)}$$

$$+\frac{\{N\times e-(d+e+f)\times(b+e)\}^2}{N\times(d+e+f)\times(b+e)}+\frac{\{N\times f-(d+e+f)\times(c+f)\}^2}{N\times(d+e+f)\times(c+f)}$$

手順 3　棄却域と棄却限界は，次のようになります．

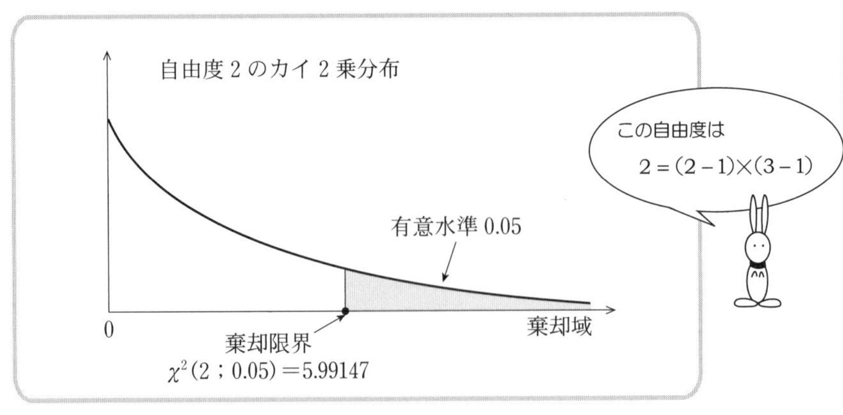

図 12.1.2　棄却域と棄却限界

報告書に書くときは！

【クロス集計表の場合】

『……．そこで，次のようなクロス集計表を得ました．

介護労働の外国人の受け入れ

	認めない	どちらかといえば認めない	わからない	どちらかといえば認める	認める
40 代	2	5	3	13	9
50 代	4	7	3	12	6
60 代	4	8	3	10	7
70 代	9	10	5	6	2
合　計	19	30	14	41	24

さらに，次のクロス集計表にまとめ，独立性の検定をおこないました．

2×3 クロス集計表

	認めない	わからない	認める
40 代—50 代	18	6	40
60 代—70 代	31	8	25

このとき，検定統計量は 7.196 となり仮説は棄却されました．したがって，年代と介護労働の外国人受け入れとの間には関連があることがわかりました．

このことから，今後の外国人の受け入れは

年代によって
意識の違いがあるという
ことをふまえて……

ここに
自分の意見・考えを
入れましょう

』

12.2 Excel によるクロス集計表の作り方

手順 1　データを入力したら，**挿入** ⇨ **ピボットテーブル** を選択します．

手順 2　データの範囲を，次のように入力して， OK .

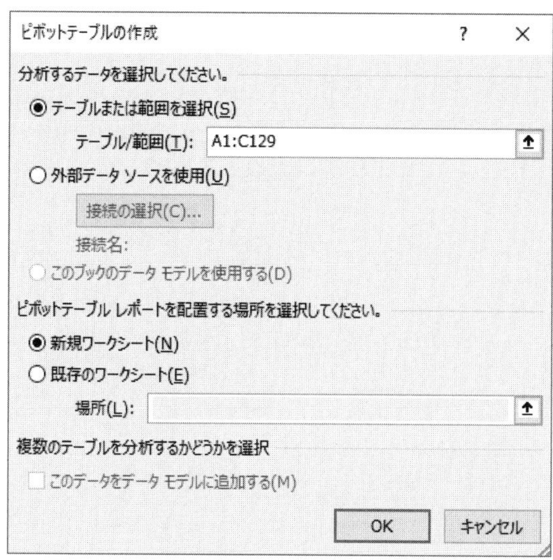

手順 3　このような画面になりましたか？　続いて……

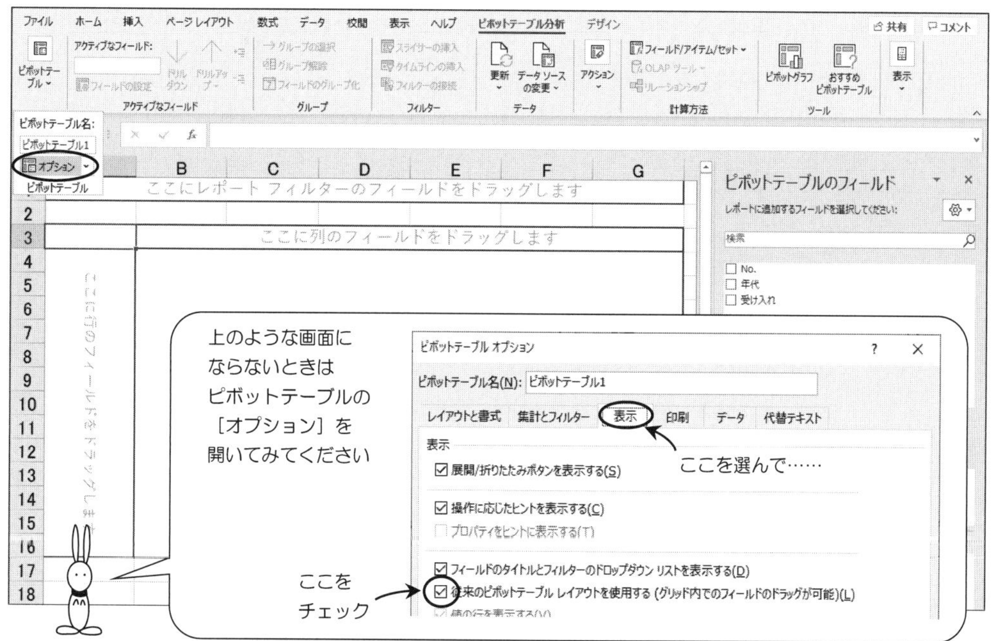

手順 4　次の画面になったら，**受け入れ** をクリックして，**列** のフィールドへドラッグ．

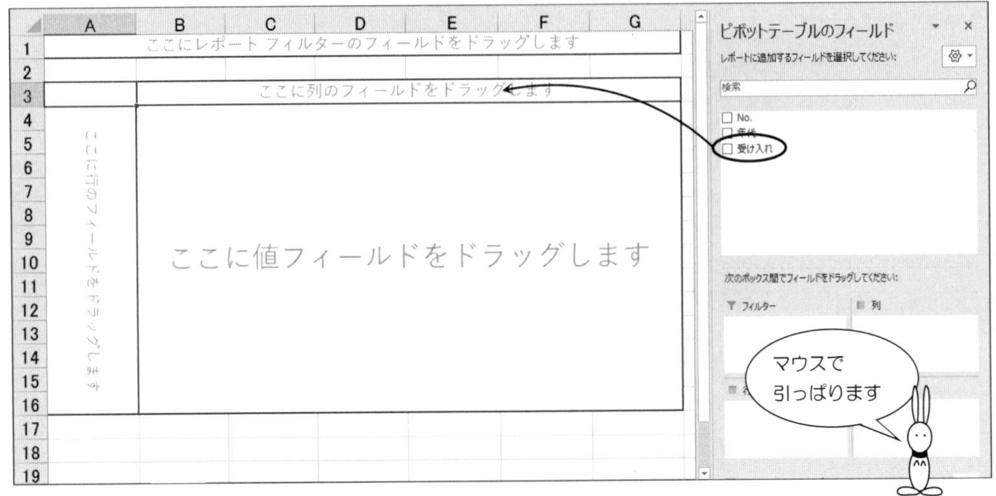

手順 5　続いて，**年代** をクリックして，**行** のフィールドの上へドラッグ．

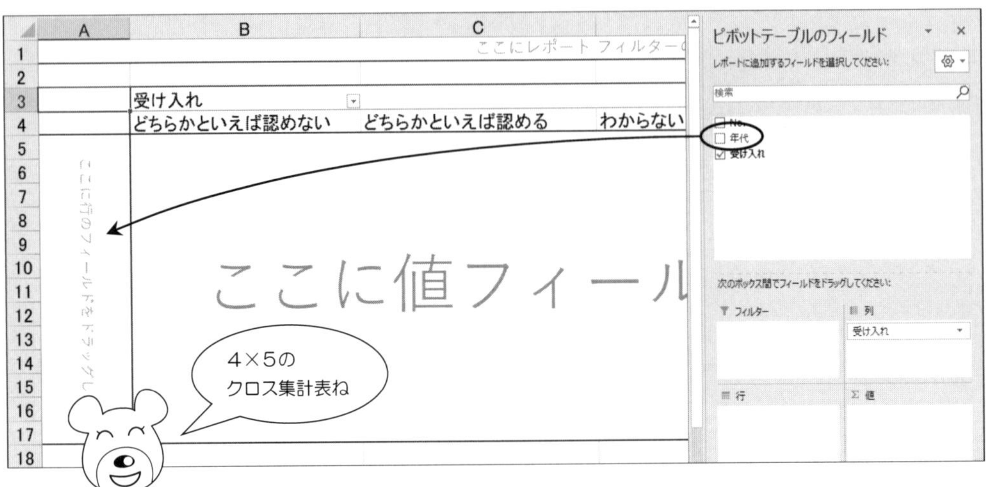

手順 6　最後に，No. をクリックして，**データアイテム** の上へドラッグ!!

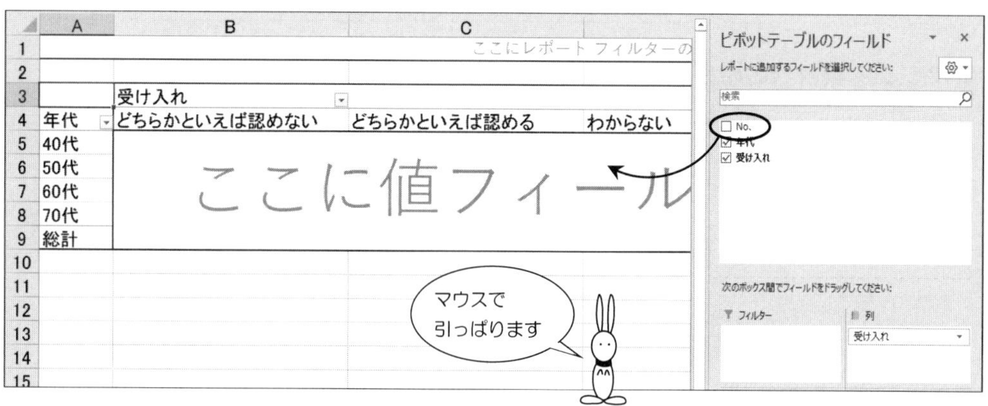

手順 7　次のようになりましたか？

	A	B	C	D	E	F	G	H
1								
2								
3	個数 / No.	受け入れ						
4	年代	どちらかといえば認めない	どちらかといえば認める	わからない	認めない	認める	総計	
5	40代	5	13	3	2	9	32	
6	50代	7	12	3	4	6	32	
7	60代	8	10	3	4	7	32	
8	70代	10	6	5	9	2	32	
9	総計	30	41	14	19	24	128	

まったく数値が
違うわ……

p.168 の手順 1 のところで
セルの書式設定を数値のままにしておくと
このようなクロス集計表になります

3	合計 / No.	受け入れ					
4	年代	どちらかといえば認めない	どちらかといえば認める	わからない	認めない	認める	総計
5	40代	270	729	259	26	701	1985
6	50代	646	747	178	142	288	2001
7	60代	334	693	106	310	466	1909
8	70代	747	403	404	701	106	2361
9	総計	1997	2572	947	1179	1561	8256

セルの書式設定を変更してもうまくいかない場合は
ピボットテーブルのフィールドの **値** の **個数/No.** 内から
値フィールドの設定(N) を選択し **選択したフィールドのデータ** を
個数 に設定してください

12.3 Excel 関数による独立性の検定

【2×3 クロス集計表の場合】

40 代・50 代・60 代・70 代の各年代と介護労働の外国人受け入れに関する 4×5 クロス集計表は，次のようになりました．

表 12.3.1 介護労働の外国人の受け入れ

	認めない	どちらかといえば認めない	わからない	どちらかといえば認める	認める
40 代	2	5	3	13	9
50 代	4	7	3	12	6
60 代	4	8	3	10	7
70 代	9	10	5	6	2

このクロス集計表を見ると，介護労働の外国人受け入れについて，60 代・70 代の人は否定的なのに対し，40 代・50 代は肯定的なように見えます．

そこで，このクロス集計表を次のような 2×3 クロス集計表に作りなおし，独立性の検定をしてみましょう．

表 12.3.2 2×3 クロス集計表

	認めない	わからない	認める	合　計
40 代—50 代	18	6	40	64
60 代—70 代	31	8	25	64
合　計	49	14	65	128

セルの中のデータ数が少ないと
独立性の検定ができません

手順 1　表 12.3.2 の 2×3 クロス集計表をワークシートに入力したら

独立性の検定②の**手順 2** の統計量を計算します．

B6 のセルをクリックして

=(E4 * B2－E2 * B4)^2/(E4 * E2 * B4)

	A	B	C	D	E	F	G	H
1		認めない	わからない	認める	合計			
2	40代—50代	18	6	40	64			
3	60代—70代	31	8	25	64			
4	合計	49	14	65	128			
5								
6	統計量	=(E4*B2-E2*B4)^2/(E4*E2*B4)						
7								
8								
9	検定統計量							
10								
11	棄却限界							
12								
13								
14								
15								
16								

ここではp.166の
独立性の検定②の
手順２の計算
をしています

手順 2　**B7** のセルをクリックして

=(E4 * B3－E3 * B4)^2/(E4 * E3 * B4)

	A	B	C	D	E	F	G	H
1		認めない	わからない	認める	合計			
2	40代—50代	18	6	40	64			
3	60代—70代	31	8	25	64			
4	合計	49	14	65	128			
5								
6	統計量	1.724						
7		=(E4*B3-E3*B4)^2/(E4*E3*B4)						
8								
9	検定統計量							
10								
11	棄却限界							
12								
13								
14								
15								

手順 3　　C6 のセルをクリックして

=(E4 ＊ C2−E2 ＊ C4)^2/(E4 ＊ E2 ＊ C4)

	A	B	C	D	E	F	G	H
1		認めない	わからない	認める	合計			
2	40代―50代	18	6	40	64			
3	60代―70代	31	8	25	64			
4	合計	49	14	65	128			
5								
6	統計量	1.724	=(E4*C2-C4*E2)^2/(E4*C4*E2)					
7		1.724						
8								
9	検定統計量							
10								
11	棄却限界							
12								
13								
14								
15								
16								
17								

手順 4　　C7 のセルをクリックして

=(E4 ＊ C3−E3 ＊ C4)^2/(E4 ＊ E3 ＊ C4)

	A	B	C	D	E	F	G	H
1		認めない	わからない	認める	合計			
2	40代―50代	18	6	40	64			
3	60代―70代	31	8	25	64			
4	合計	49	14	65	128			
5								
6	統計量	1.724	0.143					
7		1.724	=(E4*C3-C4*E3)^2/(E4*C4*E3)					
8								
9	検定統計量							
10								
11	棄却限界							
12								
13								
14								
15								
16								
17								

手順 5　D6 のセルをクリックして

＝(E4 ＊ D2－E2 ＊ D4)^2/(E4 ＊ E2 ＊ D4)

	A	B	C	D	E	F	G	H
1		認めない	わからない	認める	合計			
2	40代ー50代	18	6	40	64			
3	60代ー70代	31	8	25	64			
4	合計	49	14	65	128			
5								
6	統計量	1.724	0.143	=(E4*D2-D4*E2)^2/(E4*D4*E2)				
7		1.724	0.143					
8								
9	検定統計量							
10								
11	棄却限界							
12								
13								
14								
15								
16								
17								

手順 6　D7 のセルをクリックして

＝(E4 ＊ D3－E3 ＊ D4)^2/(E4 ＊ E3 ＊ D4)

	A	B	C	D	E	F	G	H
1		認めない	わからない	認める	合計			
2	40代ー50代	18	6	40	64			
3	60代ー70代	31	8	25	64			
4	合計	49	14	65	128			
5								
6	統計量	1.724	0.143	1.731				
7		1.724	0.143	=(E4*D3-E3*D4)^2/(E4*E3*D4)				
8								
9	検定統計量							
10								
11	棄却限界							
12								
13								
14								
15								
16								
17								

ようやく
独立性の検定②の
手順２の計算
が終わりました

手順 7　検定統計量を計算します．

B9 のセルに　＝B6＋C6＋D6＋B7＋C7＋D7

	A	B	C	D	E	F	G	H
1		認めない	わからない	認める	合計			
2	40代―50代	18	6	40	64			
3	60代―70代	31	8	25	64			
4	合計	49	14	65	128			
5								
6	統計量	1.724	0.143	1.731				
7		1.724	0.143	1.731				
8								
9	検定統計量	=B6+C6+D6+B7+C7+D7						
10								
11	棄却限界							
12								
13								
14								
15								
16								
17								

手順 8　やっと，検定統計量が計算できました！

	A	B	C	D	E	F	G	H
1		認めない	わからない	認める	合計			
2	40代―50代	18	6	40	64			
3	60代―70代	31	8	25	64			
4	合計	49	14	65	128			
5								
6	統計量	1.724	0.143	1.731				
7		1.724	0.143	1.731				
8								
9	検定統計量	7.196						
10								
11	棄却限界							
12								
13								
14								
15								
16								
17								

手順 9　次に，カイ 2 乗分布の $\chi^2(2\,;0.05)$ を求めます．

B11 のセルに　=CHISQ.INV.RT(0.05, 2)

	A	B	C	D	E	F	G	H
1		認めない	わからない	認める	合計			
2	40代—50代	18	6	40	64			
3	60代—70代	31	8	25	64			
4	合計	49	14	65	128			
5								
6	統計量	1.724	0.143	1.731				
7		1.724	0.143	1.731				
8								
9	検定統計量	7.196						
10								
11	棄却限界	=CHISQ.INV.RT(0.05,2)						
12								
13								
14								
15								
16								
17								

手順 10　次のようになりましたか？

	A	B	C	D	E	F	G	H
1		認めない	わからない	認める	合計			
2	40代—50代	18	6	40	64			
3	60代—70代	31	8	25	64			
4	合計	49	14	65	128			
5								
6	統計量	1.724	0.143	1.731				
7		1.724	0.143	1.731				
8								
9	検定統計量	7.196						
10								
11	棄却限界	5.991						
12								
13								
14								
15								
16								
17								

手順 11　以上のことから，検定統計量と棄却限界の関係は，次のようになりました．

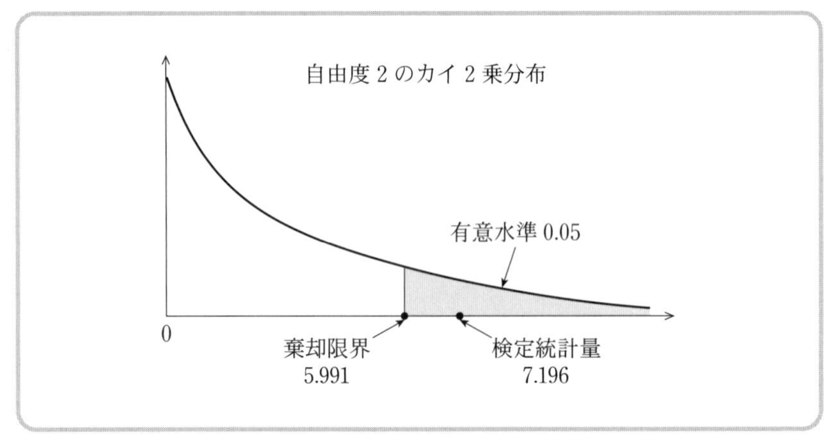

図 12.3.1　検定統計量と棄却限界

したがって，

$$\text{検定統計量 } 7.196 \geqq \text{棄却限界 } 5.991$$

なので，仮説 H_0 は棄てられます．

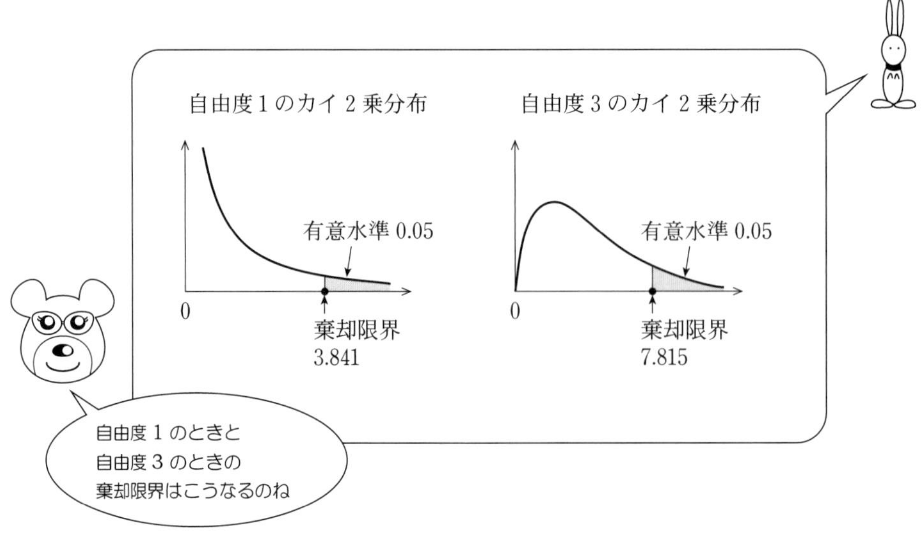

ここで，理解度をチェック！

次のデータは，介護の程度と食事の内容について調査した結果です．

介護の程度と食事の内容

調査回答者	介護の程度	食事
1	要介護1	きざみ食
2	要介護4	極きざみ食
3	要介護1	きざみ食
4	要介護5	きざみ食
5	要介護2	普通食
6	要介護4	きざみ食
7	要介護1	普通食
8	要介護4	極きざみ食
9	要介護2	普通食
10	要介護4	きざみ食
11	要介護3	普通食
12	要介護3	極きざみ食
13	要介護2	きざみ食
14	要介護3	普通食
15	要介護3	極きざみ食
16	要介護4	極きざみ食
17	要介護1	極きざみ食
18	要介護2	極きざみ食
19	要介護3	普通食
20	要介護2	きざみ食
21	要介護3	きざみ食
22	要介護5	普通食
23	要介護4	きざみ食
24	要介護4	普通食
25	要介護1	きざみ食

調査回答者	介護の程度	食事
26	要介護2	普通食
27	要介護5	極きざみ食
28	要介護3	極きざみ食
29	要介護5	きざみ食
30	要介護4	極きざみ食
31	要介護5	極きざみ食
32	要介護4	普通食
33	要介護1	普通食
34	要介護2	普通食
35	要介護2	普通食
36	要介護5	普通食
37	要介護3	普通食
38	要介護1	普通食
39	要介護2	きざみ食
40	要介護3	きざみ食
41	要介護4	きざみ食
42	要介護1	普通食
43	要介護5	極きざみ食
44	要介護2	極きざみ食
45	要介護2	きざみ食
46	要介護3	普通食
47	要介護1	普通食
48	要介護5	極きざみ食
49	要介護4	極きざみ食
50	要介護3	極きざみ食

調査回答者	介護の程度	食事
51	要介護5	極きざみ食
52	要介護5	きざみ食
53	要介護5	極きざみ食
54	要介護2	きざみ食
55	要介護3	極きざみ食
56	要介護5	極きざみ食
57	要介護1	普通食
58	要介護3	普通食
59	要介護4	極きざみ食
60	要介護2	普通食
61	要介護1	普通食
62	要介護1	きざみ食
63	要介護3	きざみ食
64	要介護5	極きざみ食
65	要介護4	極きざみ食
66	要介護1	普通食
67	要介護1	普通食
68	要介護4	極きざみ食
69	要介護1	極きざみ食
70	要介護5	普通食
71	要介護3	きざみ食
72	要介護5	極きざみ食
73	要介護2	普通食
74	要介護4	普通食
75	要介護2	普通食

問 12.1　介護の程度と食事の内容とで 5×3 クロス集計表を作成してください．

問 12.2　要介護1，要介護2，要介護3を「要介護123」，要介護4，要介護5を「要介護45」にまとめて 2×3 クロス集計表を作成し，介護の程度と食事の独立性の検定をしてください．

第13章 重回帰分析によるデータのまとめ方

13.1 重回帰分析

介護福祉士は悩んでいます．

ショートステイの利用者数を
増やしたいのだけど
利用者数に影響を与える
要因は何かしら？

そこで，ショートステイ利用者数に関連のありそうな変数として，
介護サービス費，居住費，食費，送迎費，介護職員数を取り上げ，
25の施設について調査したところ，右ページのようなデータを得ました．

知りたいことは？

- 利用者数，介護サービス費，居住費，食費，送迎費，介護職員数の関係を知りたい．
- 利用者数に影響のある要因は，介護サービス費，居住費，食費，送迎費，介護職員数のうちどれなのか知りたい．
- 介護サービス費，居住費，食費，送迎費，介護職員数から，利用者数を予測したい．

表 13.1.1 ショートステイ利用者数

施設 No.	利用者数（1 カ月）	介護サービス費（個室）	居住費（個室）	食費（標準）	送迎費（往復）	介護職員数（100 人当たり）
1	238	620	1700	1550	360	37
2	158	720	1530	1790	560	21
3	257	620	1550	1350	380	39
4	314	580	1420	1380	410	47
5	230	600	1350	1260	350	35
6	201	570	1430	1090	450	27
7	332	510	1280	1080	360	37
8	248	630	1360	1650	360	35
9	165	830	2070	1860	530	32
10	223	690	1450	1650	450	42
11	220	790	1650	1540	390	53
12	211	580	1550	1450	420	35
13	246	580	1350	1320	460	24
14	262	640	1440	1480	430	41
15	144	760	1870	2080	510	27
16	337	510	1110	1030	370	32
17	131	850	2160	2350	520	38
18	235	620	1510	1850	390	42
19	186	560	1520	1440	440	23
20	310	570	1830	1420	350	45
21	196	570	1360	1220	410	21
22	271	560	1120	1190	430	26
23	231	610	1410	1750	380	41
24	215	690	1590	1610	460	41
25	305	550	1790	1130	360	53

このようなときは，次の統計処理が考えられます．

統計処理 1

利用者数を従属変数，介護サービス費，居住費，食費，送迎費，介護職員数を独立変数として重回帰分析をおこない，重回帰式を求める． ☞ p. 185

統計処理 2

重回帰分析による偏回帰係数の検定をおこない，有意確率が 0.05 以下の独立変数を探す． ☞ p. 191

■ **重回帰式とは？**

従属変数 y の予測値を Y，独立変数を x_1，x_2，x_3，x_4，x_5 としたとき

$$Y = b_1 \times x_1 + b_2 \times x_2 + b_3 \times x_3 + b_4 \times x_4 + b_5 \times x_5 + b_0$$

を**重回帰式**といいます．

このデータの場合には

$$\boxed{\text{利用者数 } Y} = b_1 \times \boxed{\text{介護サービス費}} + b_2 \times \boxed{\text{居住費}} + b_3 \times \boxed{\text{食費}} + b_4 \times \boxed{\text{送迎費}} + b_5 \times \boxed{\text{介護職員数}} + b_0$$

となります．

このとき，b_1，b_2，b_3，b_4，b_5 をそれぞれ

偏回帰係数

といいます．

求めた重回帰式の当てはまりの良さをチェックしたいときは

- 決定係数
- 自由度調整済み決定係数

を見ます．

■ 偏回帰係数の検定とは？

偏回帰係数の検定とは，重回帰モデル

$$\boxed{\text{利用者数 } y} = \beta_1 \times \boxed{\text{介護サービス費}} + \beta_2 \times \boxed{\text{居住費}}$$

$$+ \beta_3 \times \boxed{\text{食費}} + \beta_4 \times \boxed{\text{送迎費}}$$

$$+ \beta_5 \times \boxed{\text{介護職員数}} + \beta_0 + \varepsilon$$

の母偏回帰係数 β_1，β_2，β_3，β_4，β_5 に対し

次の５つの仮説

$$\text{仮説 } H_0 : \beta_1 = 0$$

$$\text{仮説 } H_0 : \beta_2 = 0$$

$$\text{仮説 } H_0 : \beta_3 = 0$$

$$\text{仮説 } H_0 : \beta_4 = 0$$

$$\text{仮説 } H_0 : \beta_5 = 0$$

を，それぞれ検定することです．

この仮説 H_0 が棄却されると

$$\beta_i \neq 0$$

となるので，その独立変数 x_i は

“従属変数 y に影響を与える重要な要因”

と考えられます．

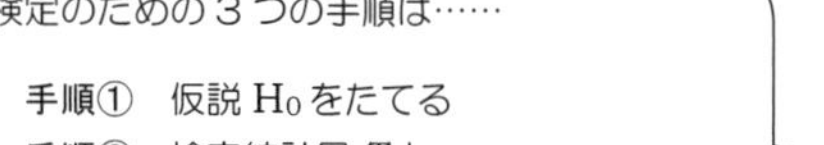

報告書に書くときは!

『…….そこで，利用者数を従属変数，介護サービス費，居住費，食費，送迎費，介護職員数を独立変数として重回帰分析をおこなったところ，重回帰式は

$$Y = -0.297 \times \text{介護サービス費} - 0.037 \times \text{居住費} - 0.038 \times \text{食費} + 0.029 \times \text{送迎費} + 3.351 \times \text{介護職員数} + 404.021$$

となりました．

決定係数は 0.811 で 1 に近く，この重回帰式の当てはまりは良いことがわかりました．

介護サービス費，居住費，食費の偏回帰係数は負の値なので，これらの費用が高いほど利用者数は減少するようです．

逆に，介護職員数の偏回帰係数は正の値なので，介護職員数が多いほど利用者数の増加がみこまれます．

さらに，偏回帰係数の検定では，有意確率が 0.05 以下の独立変数は介護サービス費と介護職員数なので，これらの独立変数は利用者数に影響を与える重要な要因と考えられます．

以上のことから，ショートステイの利用者増をはかるためには……………………

………………………………………………………………

………………………………………………………………

………………………………………………………………

………………………………………………………………

………………………………………………………………』

ここには
あなたの意見を
入れましょう

13.2 Excelの分析ツールによる重回帰分析

手順 1　次のように入力しておきます.

	A	B	C	D	E	F	G	H
1	No.	利用者数	介護サービス費	居住費	食費	送迎費	介護職員数	
2	1	238	620	1700	1550	360	37	
3	2	158	720	1530	1790	560	21	
4	3	257	620	1550	1350	380	39	
5	4	314	580	1420	1380	410	47	
6	5	230	600	1350	1260	350	35	
7	6	201	570	1430	1090	450	27	
8	7	332	510	1280	1080	360	37	
	8	248	630	1360	1650	360	35	
	9	165	830	2070	1860	530	32	
	10	223	690	1450	1650	450	42	
	11	220	790	1650	1540	390	53	
	12	211	580	1550	1450	420	35	
	13	246	580	1350	1320	460	24	
	14	262	640	1440	1480	430	41	
	15	144	760	1870	2080	510	27	

重回帰分析
をします

手順 2　データ の中の データ分析 をクリックして……

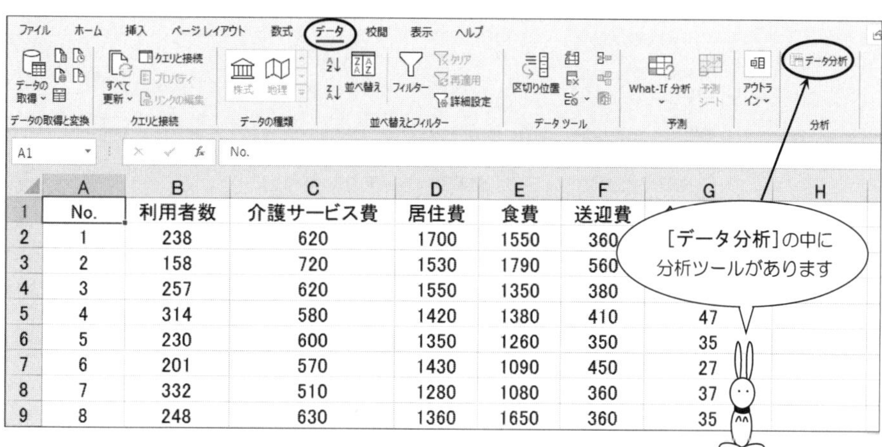

手順 3　次の 分析ツール(A) の中から **回帰分析** を選んで，OK．

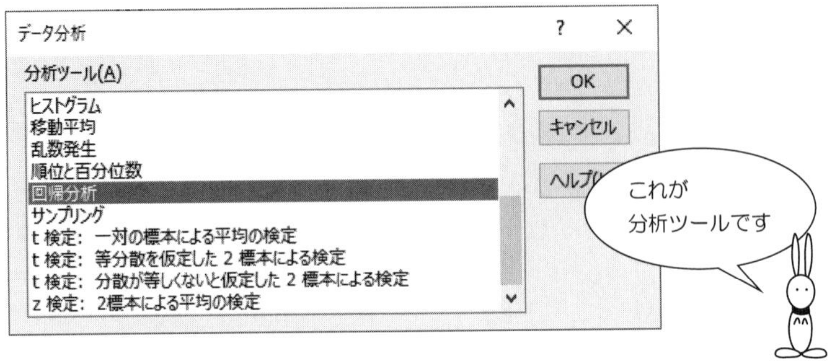

手順 4　入力 Y 範囲(Y) に　B1：B26　と入力．

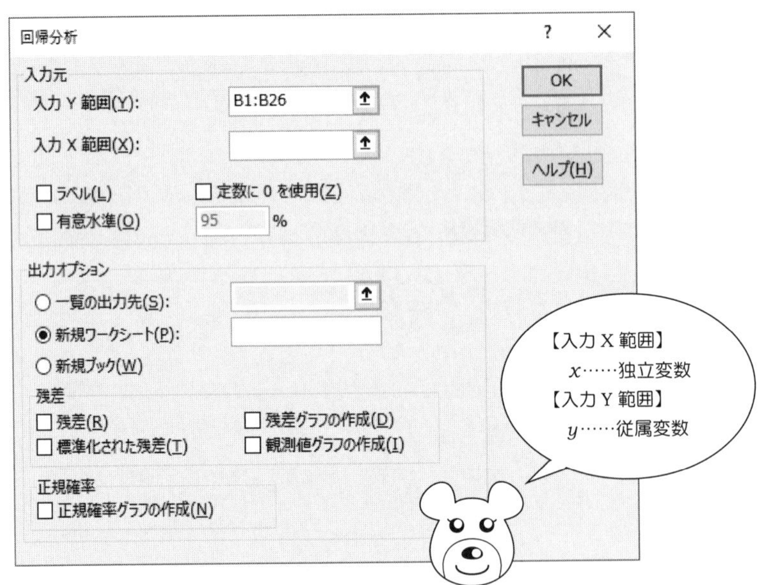

手順 5　**入力 X 範囲(X)**　に　C1：G26　と入力し，**OK**.

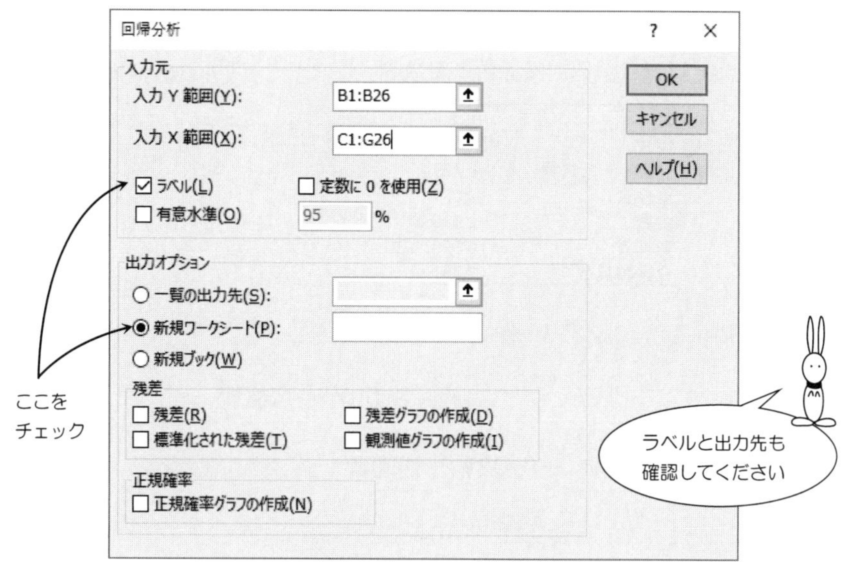

手順 6　次のようになりましたか？

	A	B	C	D	E	F	G	H	I
1	概要								
2									
3	回帰統計								
4	重相関 R	0.901							
5	重決定 R2	0.811							
6	補正 R2	0.762							
7	標準誤差	27.428							
8	観測数	25							
9									
10	分散分析表								
11		自由度	変動	分散	観測された分散比	有意 F			
12	回帰	5	61480.139	12296.028	16.345	2.62881E-06			
13	残差	19	14293.621	752.296					
14	合計	24	75773.760						
15									
16		係数	標準誤差	t	P-値	下限 95%	上限 95%	下限 95.0%	上限 95.0%
17	切片	404.021	63.227	6.390	0.000	271.686	536.356	271.686	536.356
18	介護サービス費	−0.297	0.137	−2.163	0.044	−0.584	−0.010	−0.584	−0.010
19	居住費	−0.037	0.034	−1.113	0.280	−0.107	0.033	−0.107	0.033
20	食費	−0.038	0.032	−1.178	0.253	−0.105	0.029	−0.105	0.029
21	送迎費	0.029	0.178	0.165	0.870	−0.343	0.401	−0.343	0.401
22	介護職員数	3.351	0.920	3.640	0.002	1.424	5.277	1.424	5.277
23									

●—— 重回帰式の見方

出力結果の係数のところを見ると

表 13.2.1　偏回帰係数と定数項

	係数
切片	404.021
介護サービス費	-0.297
居住費	-0.037
食費	-0.038
送迎費	0.029
介護職員数	3.351

となっているので，求める重回帰式 Y は

$$Y = -0.297 \times \boxed{\text{介護サービス費}} - 0.037 \times \boxed{\text{居住費}}$$
$$-0.038 \times \boxed{\text{食費}} + 0.029 \times \boxed{\text{送迎費}}$$
$$+3.351 \times \boxed{\text{介護職員数}} + 404.021$$

であることがわかります．

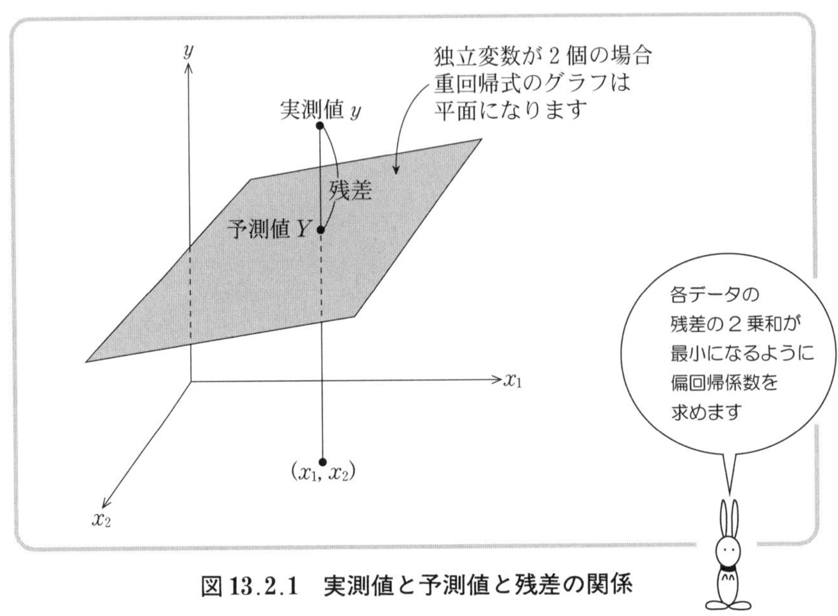

図 13.2.1　実測値と予測値と残差の関係

●—— 決定係数の見方

出力結果の回帰統計のところを見ると，次のようになっています．

表 13.2.2　決定係数

回帰統計	
重相関 R	0.901
重決定 R2	0.811
補正 R2	0.762
標準誤差	27.428
観測数	25

決定係数 R^2 は，重回帰式の当てはまりの良さを示す統計量で

$$0 \leqq R^2 \leqq 1$$

の値をとります．

決定係数 R^2 が 1 に近いとき

“求めた重回帰式の当てはまりは良い”

決定係数 R^2 が 0 に近いとき

“求めた重回帰式の当てはまりは悪い”

と判定します．

このデータの場合，重決定 $R^2 = 0.811$ なので，

“求めた重回帰式の当てはまりは良い”

と考えられます．

したがって，この重回帰式から利用者数を予測することができます．

重相関係数 R は

実測値 y と予測値 Y との相関係数

のことです．

$$\text{重相関係数} = \sqrt{\text{決定係数}}$$

が成り立っています．

●── 分散分析表の見方

分散分析表は，次の仮説を検定しています．

仮説 H_0：求めた重回帰式は予測に役立たない

出力結果の分散分析表のところを見ると，次のようになっています．

表 13.2.3　重回帰の分散分析表

分散分析表					
	自由度	変動	分散	観測された分散比	有意 F
回帰	5	61480.139	12296.028	16.345	2.629E-06
残差	19	14293.621	752.296		
合計	24	75773.760			

観測された分散比 ＝ 検定統計量
有意 F ＝ 有意確率

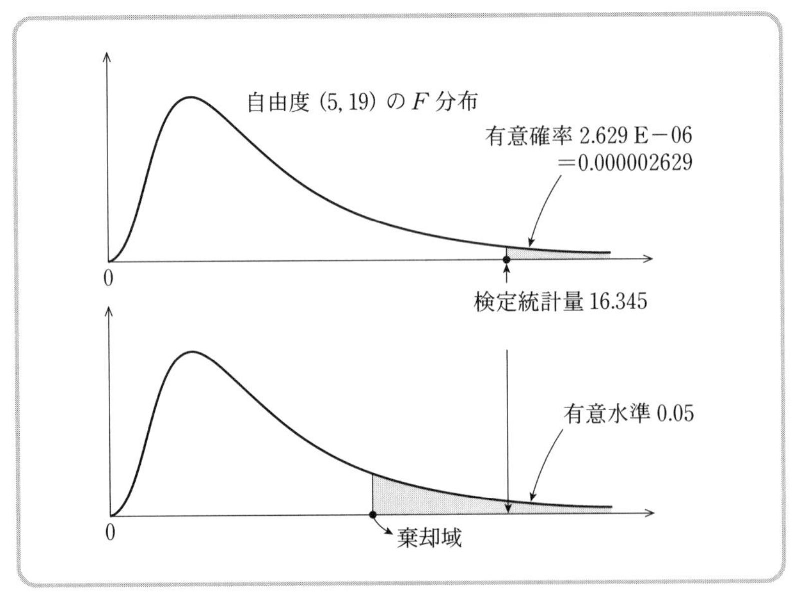

図 13.2.2　検定統計量と棄却域

したがって，検定統計量 16.345 は棄却域に入っているので，

仮説 H_0 は棄却されます．

つまり，求めた重回帰式は利用者数の予測に役立つことがわかりました．

●―― 偏回帰係数の検定の見方

出力結果の t と P 値のところを見ると

表 13.2.4　偏回帰係数の検定

	係数	標準誤差	t	P-値
切片	404.021	63.227	6.390	0.000
介護サービス費	−0.297	0.137	−2.163	0.044
居住費	−0.037	0.034	−1.113	0.280
食費	−0.038	0.032	−1.178	0.253
送迎費	0.029	0.178	0.165	0.870
介護職員数	3.351	0.920	3.640	0.002

となっています．

介護サービス費の場合……

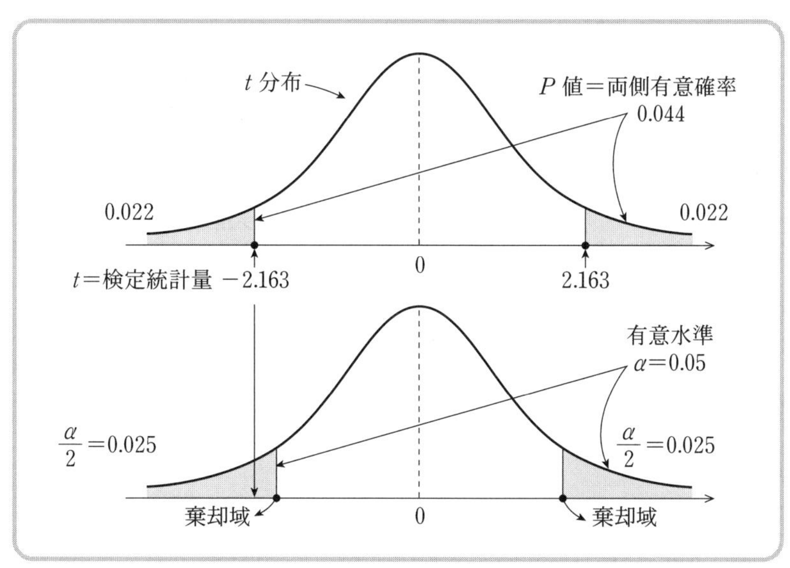

図 13.2.3　両側有意確率と有意水準

両側有意確率と有意水準 0.05 を比較すると

$$\text{有意確率 } 0.044 \leqq \text{有意水準 } 0.05$$

なので，仮説 H_0 は棄却されます．

つまり，介護サービス費は利用者数に影響を与えていることがわかります．

居住費の場合……

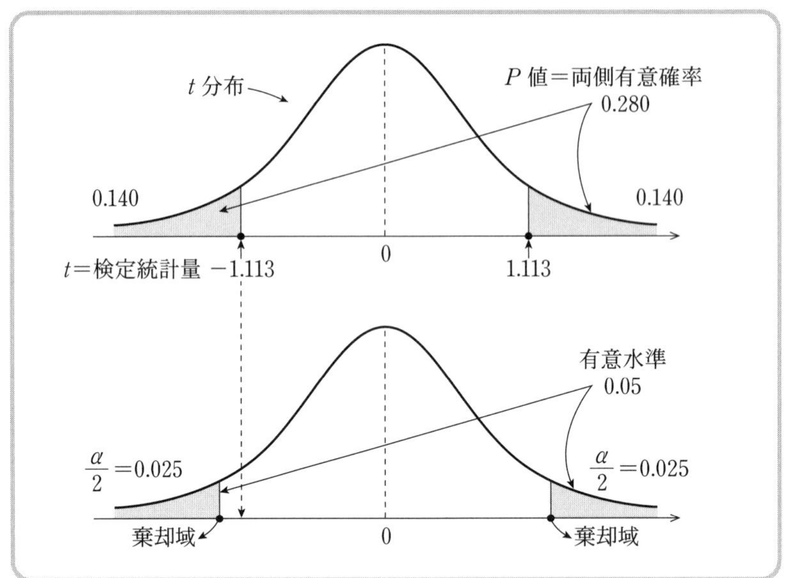

図 13.2.4　両側有意確率と有意水準

両側有意確率と有意水準 0.05 を比較すると

有意確率 0.280＞有意水準 0.05

なので，仮説 H_0 は棄却されません．

したがって，居住費は利用者数に影響を与えているとはいえません．

ここで，理解度をチェック！

次のデータは，高齢者 20 人に対しておこなった，昼食と夕食のエネルギー摂取量とご飯，野菜，果物，魚介，肉，乳製品の摂取量に関する調査結果です．

昼食と夕食のエネルギー摂取量と主な食品の摂取量

調査対象者	エネルギー (kcal)	ご飯 (g)	野菜 (g)	果物 (g)	魚介 (g)	肉 (g)	乳製品 (g)
1	863	275	170	19	28	27	14
2	998	167	163	56	73	44	15
3	795	165	162	36	59	18	34
4	652	160	100	50	38	37	16
5	786	171	148	29	49	34	19
6	868	201	128	36	53	38	12
7	1852	235	238	85	46	76	97
8	854	179	130	32	38	39	18
9	731	175	155	20	32	31	18
10	1008	177	216	33	73	37	18
11	896	252	161	33	63	28	30
12	742	150	260	90	67	31	24
13	1116	191	206	26	77	36	54
14	858	163	142	30	74	36	20
15	868	164	116	11	62	14	41
16	960	185	119	16	42	54	17
17	918	157	163	24	68	28	18
18	1010	251	142	14	48	67	17
19	1356	313	219	14	117	47	14
20	764	164	124	56	17	20	16

問 13.1　エネルギー摂取量を従属変数，ご飯，野菜，果物，魚介，肉，乳製品の摂取量を独立変数として，重回帰式を求めてください．

問 13.2　決定係数で，求めた重回帰式の当てはまりの良さを評価してください．

問 13.3　エネルギー摂取量に影響を与えていると考えられる要因を，ご飯，野菜，果物，魚介，肉，乳製品の摂取量の中から選んでください．

第14章 時系列データのまとめ方と明日の予測

14.1 移動平均と指数平滑化

介護福祉士は悩んでいます．

今後
デイサービスの利用者数は
増えるのかしら？

来月の利用者数は
何人くらいに
なるのかしら？

そこで，ある地域の3年間のデイサービスの利用者数を調査したところ，右ページのようなデータを得ました．

知りたいことは？

- デイサービス利用者数は増加の傾向にあるのか，または，減少の傾向にあるのか知りたい．
- デイサービスの利用者数の増加減少に周期性があるかどうか知りたい．
- 来月の利用者数を予測したい．

表 14.1.1　ある地域のデイサービスの利用者数

2017 年	人数	2018 年	人数	2019 年	人数
1 月	105	1 月	102	1 月	181
2 月	121	2 月	165	2 月	196
3 月	171	3 月	220	3 月	241
4 月	143	4 月	181	4 月	199
5 月	126	5 月	198	5 月	138
6 月	111	6 月	154	6 月	156
7 月	139	7 月	183	7 月	135
8 月	153	8 月	194	8 月	177
9 月	162	9 月	209	9 月	186
10 月	187	10 月	231	10 月	195
11 月	182	11 月	187	11 月	237
12 月	138	12 月	165	12 月	206

このようなときは，次の統計処理が考えられます．

統計処理 1

デイサービス利用者数に対して 3 項移動平均をおこない，
長期的傾向を調べる． ☞ p. 201

統計処理 2

指数平滑化を用いて，来月のデイサービス利用者数を予測する． ☞ p. 206

■ 移動平均とは？

移動平均には，

3 項移動平均　　5 項移動平均　　12 カ月移動平均

があります．

3 項移動平均は，次の表のように

“となり合う 3 項の平均値をとり，新しい時系列を作成する”

ことです．

表 14.1.2　3 項移動平均

時間	データ	3 項移動平均
1	$x(1)$	
2	$x(2)$	$\dfrac{x(1)+x(2)+x(3)}{3}$
3	$x(3)$	$\dfrac{x(2)+x(3)+x(4)}{3}$
4	$x(4)$	$\dfrac{x(3)+x(4)+x(5)}{3}$
5	$x(5)$	
⋮	⋮	⋮
$t-2$	$x(t-2)$	
$t-1$	$x(t-1)$	$\dfrac{x(t-2)+x(t-1)+x(t)}{3}$
t	$x(t)$	

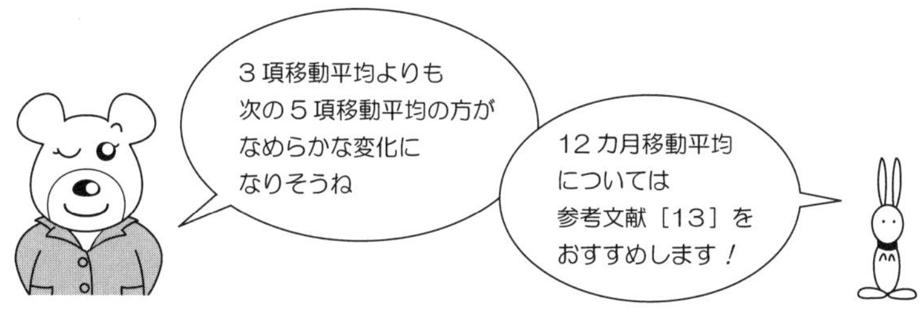

5 項移動平均は，次の表のように

“となり合う 5 項の平均値をとり，新しい時系列を作成する”

ことです．

表 14.1.3　5 項移動平均

時間	データ	5 項移動平均
1	$x(1)$	
2	$x(2)$	
3	$x(3)$	$\dfrac{x(1)+x(2)+x(3)+x(4)+x(5)}{5}$
4	$x(4)$	$\dfrac{x(2)+x(3)+x(4)+x(5)+x(6)}{5}$
5	$x(5)$	$\dfrac{x(3)+x(4)+x(5)+x(6)+x(7)}{5}$
6	$x(6)$	$\dfrac{x(4)+x(5)+x(6)+x(7)+x(8)}{5}$
7	$x(7)$	$\dfrac{x(5)+x(6)+x(7)+x(8)+x(9)}{5}$
⋮	⋮	⋮
$t-4$	$x(t-4)$	
$t-3$	$x(t-3)$	
$t-2$	$x(t-2)$	$\dfrac{x(t-4)+x(t-3)+x(t-2)+x(t-1)+x(t)}{5}$
$t-1$	$x(t-1)$	
t	$x(t)$	

■ 指数平滑化とは？

指数平滑化とは，時系列データ $\{x(t)\}$

表 14.1.4　時系列データの時点と測定値

時点	…	時点 $t-3$	時点 $t-2$	時点 $t-1$	時点 t	時点 $t+1$
測定値	…	$x(t-3)$	$x(t-2)$	$x(t-1)$	$x(t)$	？
		↑ 3 期前	↑ 2 期前	↑ 1 期前	↑ 現在	↑ 1 期先

において，時点 $t+1$ の値

$$x(t+1) = \ ?$$

を予測するための統計手法です．

時点 t に対して，その 1 期先の予測値を

$$\hat{x}(t,1)$$

とすると，指数平滑化は

$$\hat{x}(t,1) = \alpha \times x(t) + (1-\alpha) \times \hat{x}(t-1,1)$$

のように，1 期先の予測値を計算します．

$x(t)$ →(α)→ $\hat{x}(t,1)$
$\hat{x}(t-1,1)$ →($1-\alpha$)→ $\hat{x}(t,1)$

この $1-\alpha$ のことを，Excel では

減衰率

と呼んでいます．

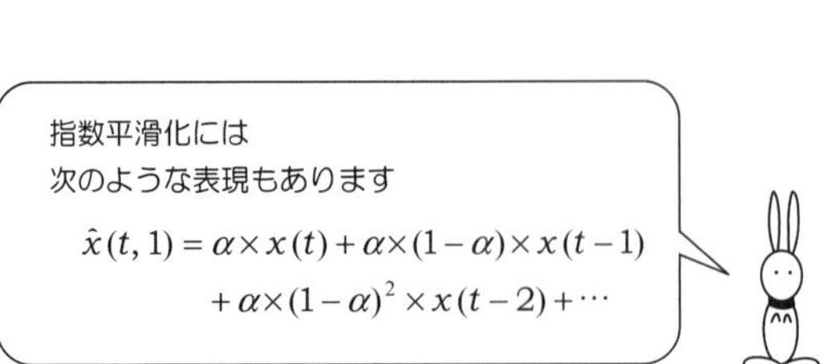

報告書に書くときは！——①

【3 項移動平均の場合】

『…….デイサービス利用者数の 3 項移動平均をおこなったところ，次のようなグラフを得ました．

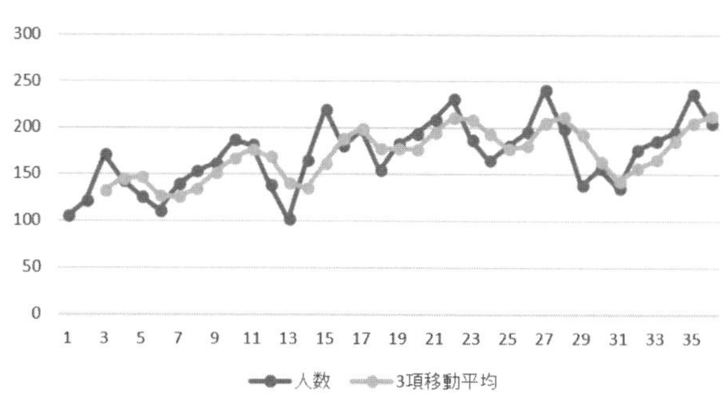

デイサービス利用者数の 3 項移動平均

このグラフを見ると，デイサービスの利用者は次第に増加傾向にあるのが見てとれます．また，明確ではないにしろ，12 カ月でデイサービス利用者の周期性があるようにも見えます．

したがって，今後デイサービスの利用者を増やすためには……………………

』

報告書に書くときは！——②

【指数平滑化の場合】

『…….指数平滑化を用いて，減衰率 0.2 のときの来月のデイサービス利用者数を予測したところ，$\hat{x}(t,1)=210.4$ となりました．

この予測値は少し低いように思えますが，来月が1月ということを考慮すれば決して低い値ではなく，もともと1～2月のデイサービス利用者数が他の月と比べて少ないことを考えると，今後のデイサービスは……………

……………』

14.2 Excel の分析ツールによる 3 項移動平均

手順 1　　次のように入力したら，**データ** ⇨ **データ分析** を選択します．

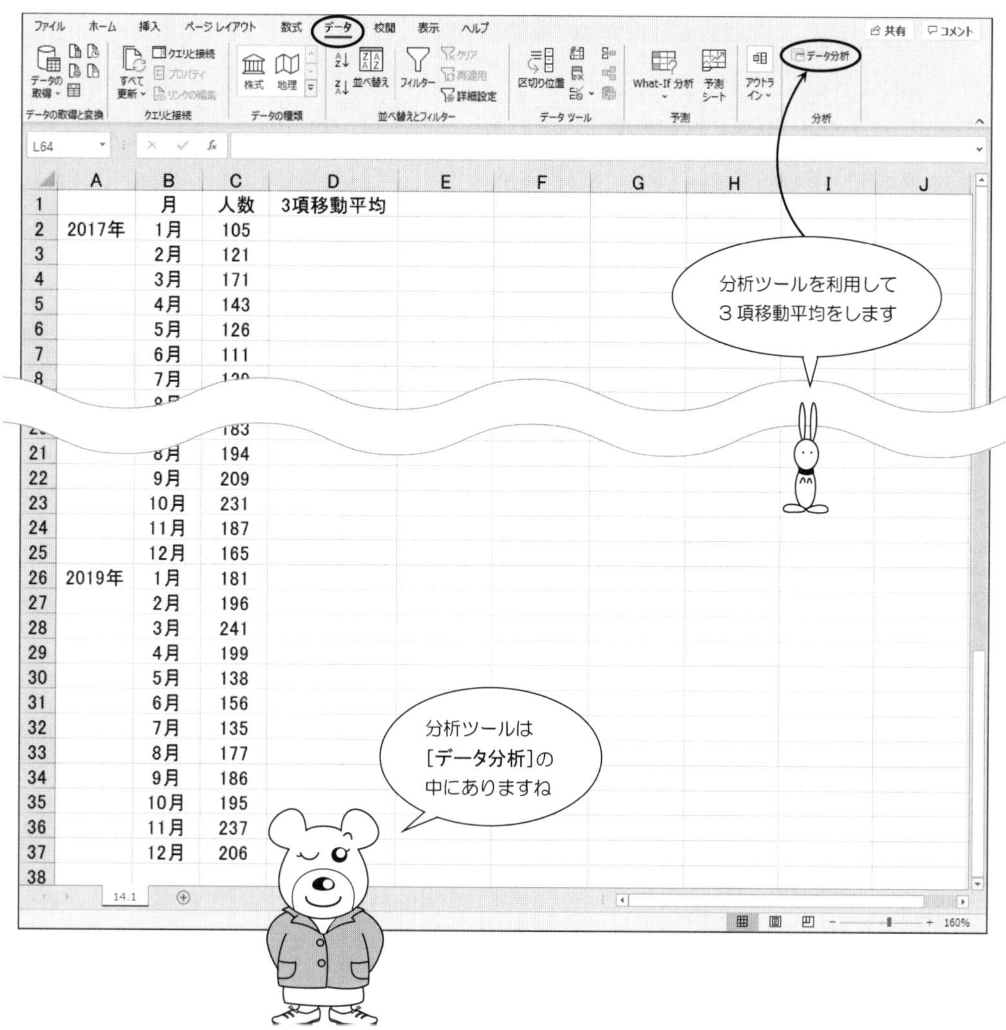

	A	B	C	D
1		月	人数	3項移動平均
2	2017年	1月	105	
3		2月	121	
4		3月	171	
5		4月	143	
6		5月	126	
7		6月	111	
8		7月		
21		8月	194	
22		9月	209	
23		10月	231	
24		11月	187	
25		12月	165	
26	2019年	1月	181	
27		2月	196	
28		3月	241	
29		4月	199	
30		5月	138	
31		6月	156	
32		7月	135	
33		8月	177	
34		9月	186	
35		10月	195	
36		11月	237	
37		12月	206	
38				

手順 2　次の 分析ツール(A) の中から**移動平均** を選択して， OK .

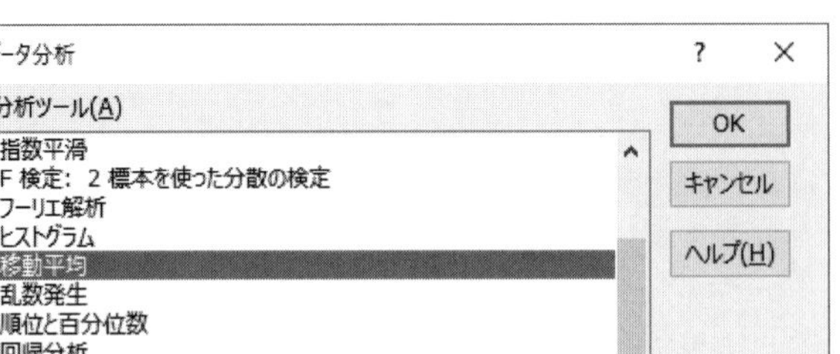

手順 3　続いて，次の画面のように

入力範囲(I)　に　C1：C37

区間(N)　に　3

出力先(O)　に　D2

と入力します．このとき，忘れずに

□先頭行をラベルとして利用(L)

をチェックして， OK .

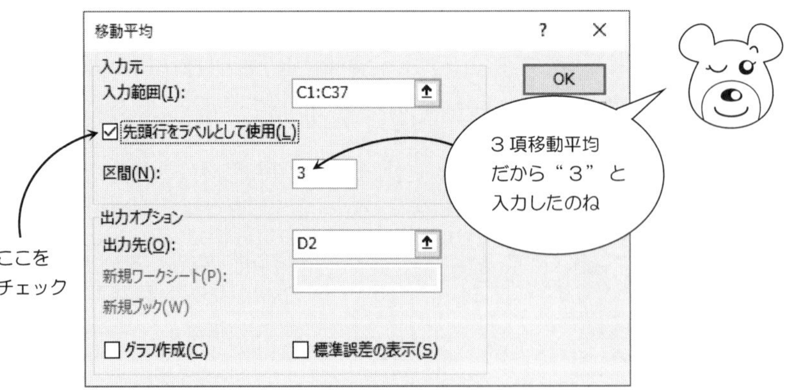

手順 4　次のようになりましたか？

	A	B	C	D	E	F	G	H	I
1		月	人数	3項移動平均					
2	2017年	1月	105	#N/A					
3		2月	121	#N/A					
4		3月	171	132.333					
5		4月	143	145.000					
6		5月	126	146.667					
7		6月	111	126.667					
8		7月	139	125.333					
9		8月	153	134.333					
10		9月	162	151.333					
11		10月	187	167.333					
12		11月	182	177.000					
13		12月	138	169.000					
14	2018年	1月	102	140.667					
15		2月	165	135.000					
16		3月	220	162.333					
17		4月	181	188.667					
18		5月	198	199.667					
19		6月	154	177.667					
20		7月	183	178.333					
21		8月	194	177.000					
22		9月	209	195.333					
23		10月	231	211.333					
24		11月	187	209.000					
25		12月	165	194.333					
26	2019年	1月	181	177.667					
27		2月	196	180.667					
28		3月	241	206.000					
29		4月	199	212.000					
30		5月	138	192.667					
31		6月	156	164.333					
32		7月	135	143.000					
33		8月	177	156.000					
34		9月	186	166.000					
35		10月	195	186.000					
36		11月	237	206.000					
37		12月	206	212.667					
38									
39									
40									
41									

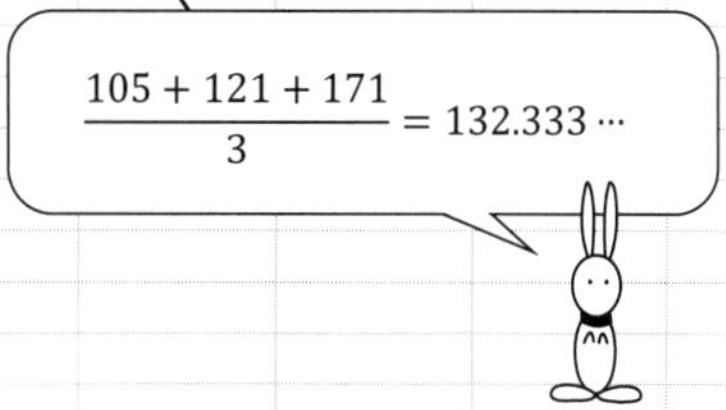

$$\frac{105+121+171}{3}=132.333\cdots$$

手順 5　続いて，3 項移動平均のグラフを描いてみましょう．

次のように，C1 から D37 まで範囲を指定したら……

	A	B	C	D	E	F	G	H	I
1		月	人数	3項移動平均					
2	2017年	1月	105	#N/A					
3		2月	121	#N/A					
4		3月	171	132.333					
5		4月	143	145.000					
6		5月	126	146.667					
7		6月	111	126.667					
8		7月	139	125.333					
9		8月	153	134.333					
10		9月	162	151.333					
11		10月	187	167.333					
12		11月	182	177.000					
13		12月	138	169.000					
14	2018年	1月	102	140.667					
15		2月	165	135.000					
16		3月	220	162.333					
17		4月	181	188.667					
18		5月	198	199.667					
19		6月	154	177.667					
20		7月	183	178.333					

手順 6　挿入 ⇨ 折れ線 で，次のように選びます．

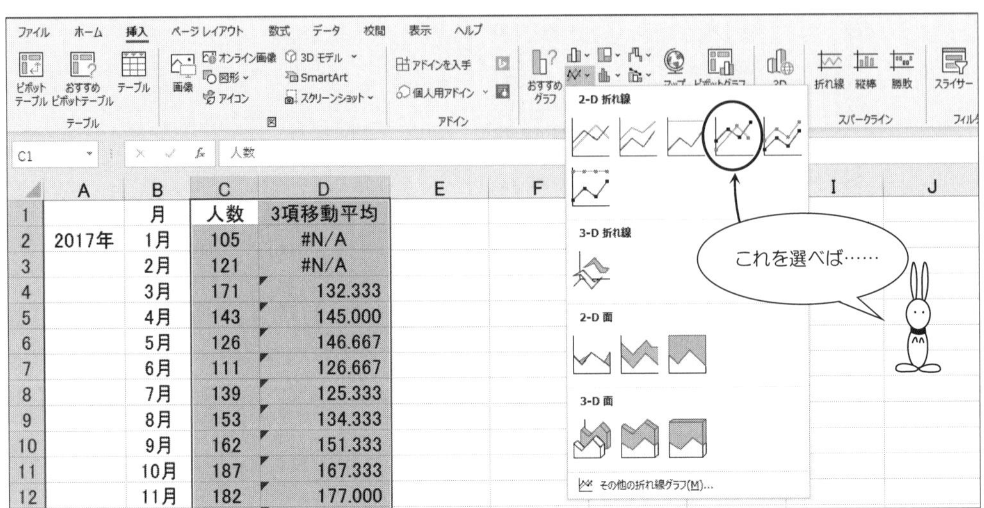

手順７　次のように，3 項移動平均のグラフが作成されます．

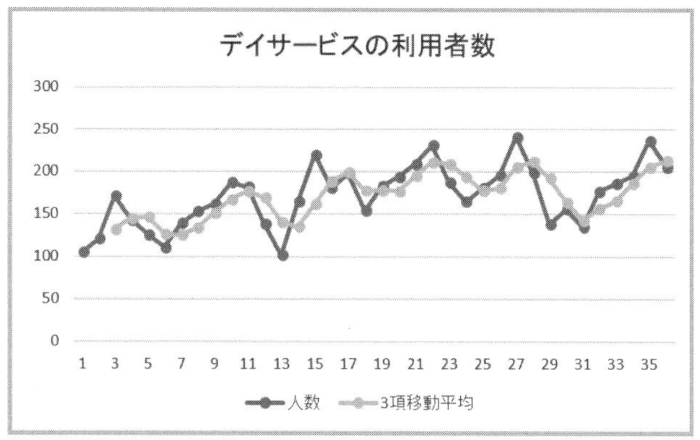

14.3 Excelの分析ツールによる指数平滑化

手順 1　データを入力したら，**データ** から **データ分析** を選択します．

	A	B	C	D
1		月	人数	指数平滑化
2	2017年	1月	105	
3		2月	121	
4		3月	171	
5		4月	143	
6		5月	126	
7		6月	111	
8		7月	139	
9		8月	153	
10		9月	162	
11		10月	187	
12		11月	182	
13		12月	138	
14	2018年	1月	102	
15		2月	165	
16		3月	220	

手順 2　次の **分析ツール(A)** の中から **指数平滑** を選択して，**OK**．

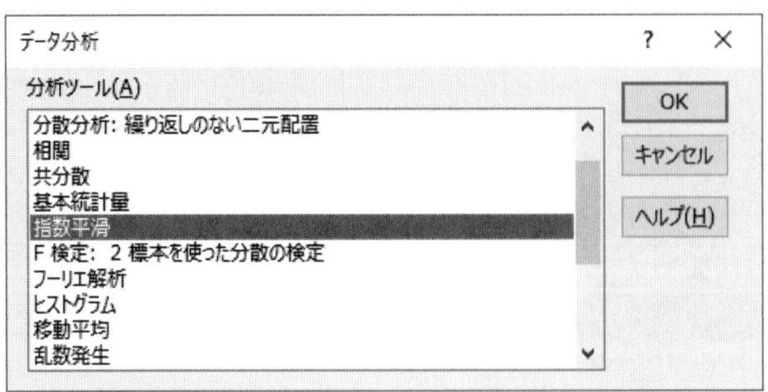

手順 3　次の画面になったら，**入力範囲(I)** のところに

C1：C37

と入力．

指数平滑
入力元
入力範囲(I)　C1:C37
減衰率(D):
□ ラベル(L)
出力オプション
出力先(O):
新規ワークシート(P):
新規ブック(W)
□ グラフ作成(C)　□ 標準誤差の表示(S)
OK
キャンセル
ヘルプ(H)

手順 4　続いて，**減衰率(D)** のところに

0.2

と入力し，

□ **ラベル(L)**

をチェックしておきます．

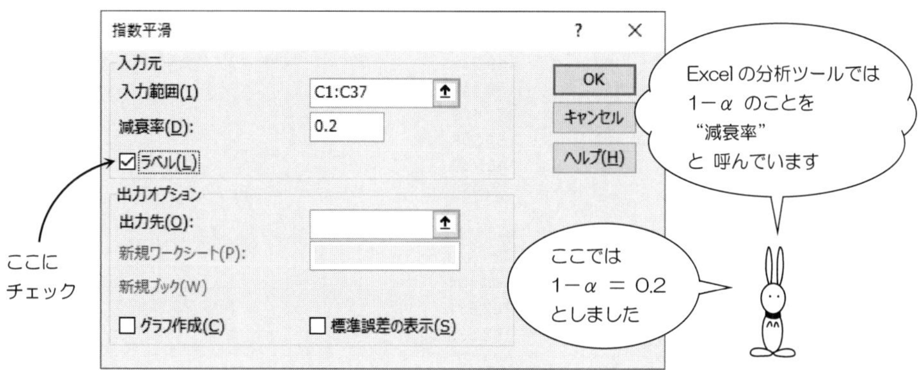

手順 5　出力先(O) のところに

D2

と入力して，OK.

指数平滑　?　×

入力元

入力範囲(I)　C1:C37

減衰率(D):　0.2

☑ ラベル(L)

出力オプション

出力先(O):　D2

新規ワークシート(P):

新規ブック(W)

☐ グラフ作成(C)　☐ 標準誤差の表示(S)

OK

キャンセル

ヘルプ(H)

手順 6　次のようになりましたか？

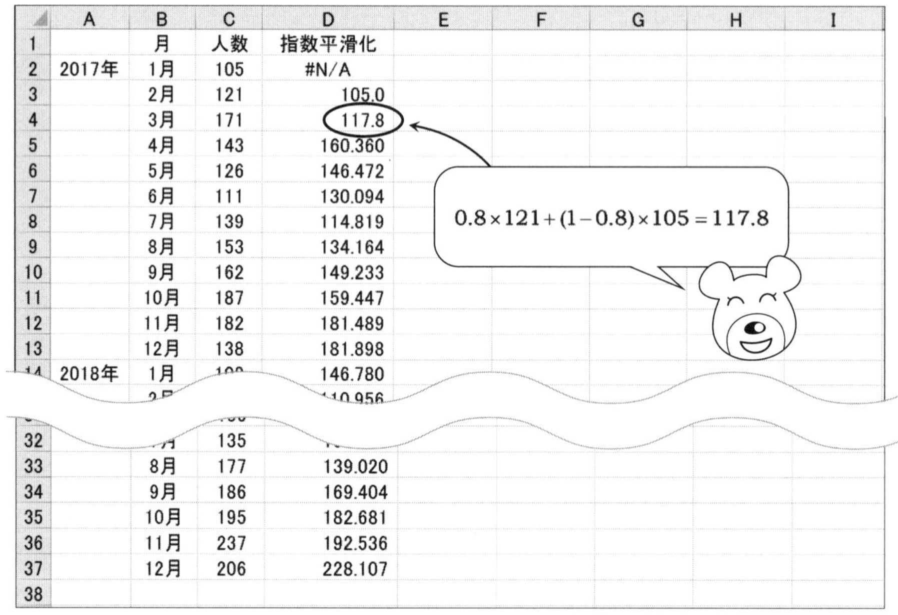

	A	B	C	D	E	F	G	H	I
1		月	人数	指数平滑化					
2	2017年	1月	105	#N/A					
3		2月	121	105.0					
4		3月	171	117.8					
5		4月	143	160.360					
6		5月	126	146.472					
7		6月	111	130.094					
8		7月	139	114.819					
9		8月	153	134.164					
10		9月	162	149.233					
11		10月	187	159.447					
12		11月	182	181.489					
13		12月	138	181.898					
14	2018年	1月	[illegible]	146.780					
32		[illegible]	135	[illegible]					
33		8月	177	139.020					
34		9月	186	169.404					
35		10月	195	182.681					
36		11月	237	192.536					
37		12月	206	228.107					
38									

手順７　１期先を予測したいときは，**D37** のセルをクリックして……

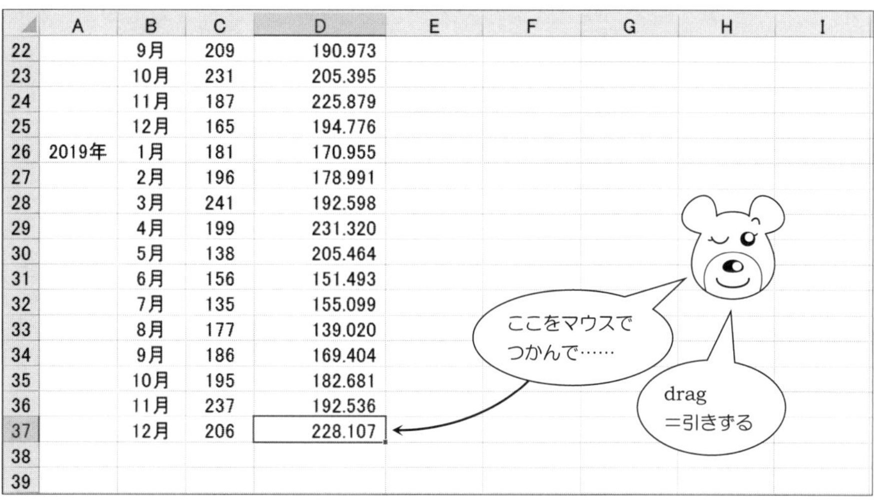

	A	B	C	D	E	F	G	H	I
22		9月	209	190.973					
23		10月	231	205.395					
24		11月	187	225.879					
25		12月	165	194.776					
26	2019年	1月	181	170.955					
27		2月	196	178.991					
28		3月	241	192.598					
29		4月	199	231.320					
30		5月	138	205.464					
31		6月	156	151.493					
32		7月	135	155.099					
33		8月	177	139.020					
34		9月	186	169.404					
35		10月	195	182.681					
36		11月	237	192.536					
37		12月	206	228.107					
38									
39									

手順８　次のように下へドラッグすると，１期先の予測値

$$\hat{x}(t, 1) = 210.421446$$

が求まります．

	A	B	C	D	E	F	G	H	I
22		9月	209	190.973					
23		10月	231	205.395					
24		11月	187	225.879					
25		12月	165	194.776					
26	2019年	1月	181	170.955					
27		2月	196	178.991					
28		3月	241	192.598					
29		4月	199	231.320					
30		5月	138	205.464					
31		6月	156	151.493					
32		7月	135	155.099					
33		8月	177	139.020					
34		9月	186	169.404					
35		10月	195	182.681					
36		11月	237	192.536					
37		12月	206	228.107					
38				210.421					
39									
40									

$\hat{x}(t, 1)$

$= 0.8 \times x(t) + (1 - 0.8) \times \hat{x}(t - 1{,}1)$

$= 0.8 \times 206 + (1 - 0.8) \times 228.107$

$= 210.421$

◆減衰率が 0.4 の場合

	A	B	C	D	E	F	G	H	I
30		5月	138	207.586					
31		6月	156	165.834					
32		7月	135	159.934					
33		8月	177	144.973					
34		9月	186	164.189					
35		10月	195	177.276					
36		11月	237	187.910					
37		12月	206	217.364					
38				210.546					
39									
40									

◆減衰率が 0.6 の場合

	A	B	C	D	E	F	G	H	I
30		5月	138	205.413					
31		6月	156	178.448					
32		7月	135	169.469					
33		8月	177	155.681					
34		9月	186	164.209					
35		10月	195	172.925					
36		11月	237	181.755					
37		12月	206	203.853					
38				204.712					
39									
40									

◆減衰率が 0.8 の場合

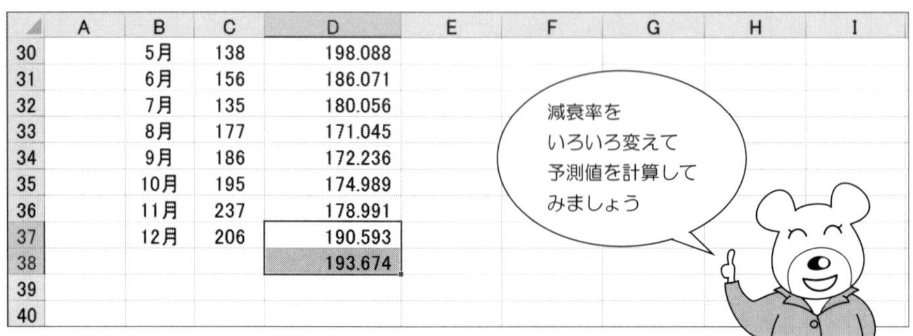

	A	B	C	D	E	F	G	H	I
30		5月	138	198.088					
31		6月	156	186.071					
32		7月	135	180.056					
33		8月	177	171.045					
34		9月	186	172.236					
35		10月	195	174.989					
36		11月	237	178.991					
37		12月	206	190.593					
38				193.674					
39									
40									

ここで，理解度をチェック！

次のデータは，「今の食生活に満足していますか？」というアンケート調査を1985年から2020年までおこなった結果です．

今の食生活に満足していますか？

年	満足(%)	やや満足(%)	やや不満(%)	不満(%)
1985	47.1	46.1	4.8	1.9
1986	47.3	45.1	5.2	2.3
1987	44.9	48.9	4.9	1.3
1988	47.6	43.2	7.2	2.0
1989	46.5	42.8	8.7	2.0
1990	45.8	44.8	6.7	2.6
1991	45.7	43.4	6.9	3.9
1992	47.2	45.6	5.3	2.0
1993	42.7	45.5	8.7	3.2
1994	43.4	44.2	8.9	3.5
1995	43.4	45.1	8.2	3.2
1996	44.1	46.6	7.0	2.3
1997	46.2	40.5	8.3	5.0
1998	45.8	45.4	6.6	2.2
1999	43.2	45.0	6.3	5.6
2000	44.8	44.5	7.8	3.0
2001	42.8	47.0	7.4	2.9
2002	44.1	43.0	8.3	4.7

年	満足(%)	やや満足(%)	やや不満(%)	不満(%)
2003	42.6	40.4	9.4	7.6
2004	44.0	43.2	8.7	4.1
2005	43.3	45.2	7.2	4.3
2006	42.0	40.1	10.0	7.8
2007	42.3	39.2	10.6	7.8
2008	40.2	39.1	12.1	8.5
2009	38.5	41.0	11.2	9.3
2010	39.6	42.2	10.5	7.6
2011	38.8	44.2	10.5	6.5
2012	40.0	42.7	8.8	8.5
2013	41.2	44.4	11.4	3.0
2014	39.0	43.2	9.6	8.3
2015	38.7	42.9	11.6	6.9
2016	36.5	43.9	10.4	9.2
2017	37.7	39.1	14.4	8.9
2018	38.7	39.2	12.3	9.8
2019	35.8	43.1	12.1	8.9
2020	37.1	40.7	12.9	9.3

問 14.1　3項移動平均をおこなって，食生活に「満足」している人が増加の傾向にあるか，または減少の傾向にあるかを調べてください．

問 14.2　指数平滑化を用いて，2021年の食生活に「満足」している人のパーセントを予測してください．

第15章 理解度チェックで実力アップ!!

問題1 基本統計量

次のデータは，乳製品の摂取量と，野菜の摂取量を調査した結果です．

表1　乳製品と野菜の摂取量

調査対象者	乳製品 (g)	野菜 (g)
1	193	204
2	261	353
3	305	237
4	124	133
5	53	115
6	180	237
7	354	345
8	383	243
9	476	310
10	295	162

調査対象者	乳製品 (g)	野菜 (g)
11	283	257
12	247	265
13	368	282
14	151	324
15	98	123
16	173	185
17	76	147
18	361	234
19	219	142
20	101	198

問 1.1　乳製品の摂取量の平均値を求めてください．

問 1.2　乳製品の摂取量の分散と標準偏差を求めてください．

問 1.3　乳製品の摂取量の母平均を信頼係数 95% で区間推定してください．

問題 2　度数分布表

次のデータは，高齢者 70 人の年間所得金額を調査した結果です．

表 2　高齢者の年間所得金額

調査対象者	所得金額（万円）	調査対象者	所得金額（万円）	調査対象者	所得金額（万円）
1	614	26	876	51	868
2	166	27	969	52	756
3	250	28	514	53	351
4	324	29	250	54	158
5	232	30	240	55	137
6	527	31	151	56	479
7	435	32	256	57	371
8	146	33	743	58	154
9	215	34	164	59	230
10	374	35	336	60	62
11	634	36	540	61	129
12	223	37	418	62	383
13	611	38	432	63	244
14	44	39	570	64	71
15	240	40	434	65	146
16	383	41	315	66	123
17	534	42	432	67	411
18	321	43	345	68	280
19	450	44	323	69	172
20	1028	45	262	70	274
21	341	46	635		
22	411	47	45		
23	539	48	220		
24	222	49	140		
25	766	50	682		

問 2.1　所得金額の度数分布表とヒストグラムを作成してください．

問題 3　グラフ表現

問 3.1　次のデータは，各国の高齢者に対し，日常生活で不便を感じるかどうかをたずねた結果です．

日々の買い物で不便を感じる人の棒グラフを描いてください．

表 3.1　日常生活で感じる不便（人）

	日本	アメリカ	ドイツ	スウェーデン	韓国
日々の買い物	29	32	41	16	27
病院への通院	37	18	27	18	49
散歩に適した公園	35	24	16	5	19

問 3.2　次のデータは，高齢者の単独世帯について調査した結果です．

女性について単独世帯の比率を円グラフで表現してください．

表 3.2　高齢者の単独世帯（人）

年齢	女性	男性
65 歳　～　69 歳	47	52
70 歳　～　74 歳	49	39
75 歳　～　79 歳	66	31
80 歳　～　84 歳	55	20
85 歳　以上	33	9
合計	250	151

問題 4　相関と回帰

次のデータは，1週間の外食回数と，野菜の摂取量，ヘモグロビン A1c について調査した結果です．

表 4　外食回数と野菜の摂取量とヘモグロビン A1c

調査対象者	外食回数（回）	野菜（g）	ヘモグロビン A1c（%）
1	7	279	4.9
2	14	206	6.3
3	9	186	5.4
4	4	261	4.2
5	8	164	5.7
6	6	242	4.2
7	10	301	4.7
8	5	236	4.8
9	13	116	8.3
10	6	147	5.4
11	5	315	5.5
12	1	347	5.3
13	13	238	6.2
14	11	128	7.1
15	15	195	7.4
16	17	122	6.2
17	2	324	5.8
18	16	150	7.9
19	4	348	5.9
20	1	233	5.3

問 4.1　1週間の外食回数と野菜摂取量の散布図を描いてください．

問 4.2　1週間の外食回数と野菜摂取量の相関係数を求めてください．

問 4.3　1週間の外食回数を独立変数，野菜摂取量を従属変数として，回帰直線を求めてください．

問題 5 母平均の区間推定

次のデータは，介護施設タイプAとタイプBにおいてキッチン面積を調査した結果です．

表5 介護施設のキッチン面積

介護施設タイプA

No.	キッチン面積 (m^2)
1	4.26
2	7.24
3	5.27
4	6.25
5	4.26
6	6.12
7	5.53
8	6.34
9	3.41
10	5.74
11	3.94
12	5.31
13	4.32
14	4.33
15	3.31

介護施設タイプB

No.	キッチン面積 (m^2)
1	3.05
2	6.95
3	5.58
4	4.72
5	4.28
6	3.95
7	2.45
8	3.05
9	3.52
10	4.16
11	3.18
12	3.89
13	3.37
14	3.69
15	4.05

問 5.1 介護施設タイプAのキッチン面積について信頼係数95%の母平均の区間推定をしてください．

問 5.2 介護施設タイプBのキッチン面積について信頼係数95%の母平均の区間推定をしてください．

問題 6　母比率の区間推定

次のデータは，介護サービスに対する満足度を調査した結果です．

表 6　介護サービスの満足度

調査回答者	性別	年齢	介護サービス
1	男性	62	満足していない
2	男性	33	満足している
3	女性	55	満足している
4	女性	44	満足している
5	男性	31	満足していない
6	女性	58	満足している
7	女性	32	満足していない
8	女性	48	満足している
9	男性	39	満足している
10	男性	52	満足している
11	男性	36	満足している
12	男性	49	満足している
13	男性	45	満足していない
14	男性	39	満足している
15	男性	58	満足している
16	男性	48	満足している
17	女性	61	満足している
18	男性	56	満足していない
19	男性	45	満足している
20	男性	69	満足していない
21	男性	56	満足している
22	男性	45	満足している
23	男性	64	満足していない
24	女性	30	満足していない
25	女性	53	満足している

調査回答者	性別	年齢	介護サービス
26	女性	68	満足している
27	女性	41	満足していない
28	男性	50	満足していない
29	女性	50	満足していない
30	男性	59	満足している
31	男性	31	満足していない
32	女性	68	満足していない
33	女性	39	満足していない
34	女性	60	満足している
35	女性	40	満足している
36	男性	68	満足している
37	女性	51	満足している
38	男性	51	満足している
39	男性	34	満足していない
40	女性	63	満足していない
41	女性	46	満足していない
42	男性	34	満足していない
43	女性	63	満足していない
44	女性	60	満足している
45	女性	67	満足している
46	女性	53	満足していない
47	女性	49	満足していない
48	男性	65	満足していない
49	女性	38	満足していない
50	女性	34	満足している

問 6.1　性別と満足度の 2 項目について，クロス集計表を作成してください．

問 6.2　女性で満足している人の母比率を信頼係数 95% で区間推定してください．

問題 7 差の検定

次のデータは，施設介護の高齢者と在宅介護の高齢者が，栄養指導をおこなう前と後で1日の食事中に見せた笑顔の回数を調査した結果です．

表 7 栄養指導前後の笑顔の回数

施設介護のグループ

調査対象者	栄養指導前	栄養指導後
1	34	38
2	6	9
3	12	15
4	11	14
5	24	26
6	13	15
7	37	38
8	34	33
9	19	19
10	28	26
11	8	12
12	25	33
13	36	34
14	16	17
15	14	18
16	21	24
17	15	17
18	22	26
19	4	16
20	26	32

在宅介護のグループ

調査対象者	栄養指導前	栄養指導後
1	26	25
2	34	35
3	23	25
4	29	32
5	37	35
6	16	19
7	38	34
8	18	20
9	31	34
10	35	33
11	32	36
12	24	24
13	45	43
14	25	28
15	13	15
16	28	27
17	35	34
18	21	24
19	19	23
20	32	34

問 7.1 栄養指導の前後で，笑顔の回数に差があるかどうかの検定を施設介護についておこなってください．

問 7.2 栄養指導の前後で，笑顔の回数に差があるかどうかの検定を在宅介護についておこなってください．

問 7.3 施設介護と在宅介護とでは，栄養指導をすることで，笑顔の回数に差があるかどうかを検定してください．

問題 8　クロス集計表と独立性の検定

次のデータは，親に関する在宅介護，自分に関する在宅介護を，日本と韓国でそれぞれ調査した結果です．

表 8.1　親を自宅で介護したいですか？（人）

		そう思う	そう思わない	合計
日本	女性	51	49	100
	男性	42	58	100
韓国	女性	73	27	100
	男性	64	36	100

表 8.2　自分は自宅で介護されたいですか？（人）

		そう思う	そう思わない	合計
日本	女性	28	72	100
	男性	47	53	100
韓国	女性	35	65	100
	男性	76	24	100

問 8.1　親に関する在宅介護について，日本と韓国の女性のオッズ比を求めてください．

問 8.2　自分に関する在宅介護について，日本と韓国の女性のオッズ比を求めてください．

問 8.3　親に関する在宅介護について，日本と韓国の女性の独立性の検定をしてください．

問 8.4　自分に関する在宅介護について，日本と韓国の女性の独立性の検定をしてください．

問題 9　重回帰分析

次のデータは，病室で明るさが人体に与える影響を調べるために，入院日数，性別，年齢，窓の面積，ベッド周りの照度を調査した結果です．

表 9　人体に与える影響は？

調査対象者	入院日数 (日)	性別	年齢	窓の面積 (m^2)	ベッド照度 (lx)
1	21	1	32	3.28	3900
2	19	0	53	6.20	5300
3	7	0	52	8.16	6100
4	22	1	55	2.64	3400
5	5	0	37	8.50	6900
6	17	1	46	6.50	6700
7	28	0	65	2.80	2800
8	15	0	36	6.96	6000
9	16	1	48	3.44	2100
10	38	0	61	1.14	2200
11	9	0	35	7.84	6400
12	23	1	31	2.16	3700
13	18	1	68	2.03	1500
14	35	1	46	1.84	3100
15	19	0	38	4.24	4500
16	22	0	41	2.96	3800
17	8	1	37	7.01	6500
18	23	1	27	4.80	4800
19	31	0	68	5.20	4600
20	17	0	32	4.40	5100

問 9.1　年齢，窓の面積，ベッド照度を独立変数に入院日数を従属変数として，重回帰式を求めてください．

問題 10 時系列分析

次のデータは，ある都市における 20 年間の介護者数を調査した結果です．

表 10　介護者数の推移

年	介護者数（人）	年	介護者数（人）
1 年目	22974	11 年目	31839
2 年目	23556	12 年目	33886
3 年目	23856	13 年目	35228
4 年目	24671	14 年目	39983
5 年目	25509	15 年目	41460
6 年目	26582	16 年目	42334
7 年目	27486	17 年目	45784
8 年目	28717	18 年目	47007
9 年目	29445	19 年目	50263
10 年目	29820	20 年目	52874

問 10.1　介護者数の 3 項移動平均を求めてください．

問 10.2　指数平滑化を利用して，21 年目の介護者数を予測してください．

$1-\alpha=0.7$ とします．

最後に！

研究論文で

“**効果サイズ**”

が利用されるようになってきています．

効果サイズとは，

“effect size”

のことです．

このeffect sizeは“**効果量**”とも訳され，

「研究論文や報告書の際に，記入すべき統計量」

とされています．

研究論文における統計処理といえば，

- 統計的推定 ⇒ 区間推定
- 統計的検定 ⇒ 仮説の検定

が中心的な話題になります．

ところが，この統計的検定には，

「データ数を大きくすると，有意確率が小さくなる」

という傾向があります．

したがって，

「仮説を棄却するには，データ数を大きくすればよい」

ということになります．

そこで，このような統計的検定の性質に対し，

「データ数にたよらない研究成果の評価基準」

として，効果サイズが利用されるようになってきているのです．

検定のときは忘れずにね！

参考文献

【栄養学関係】

［1］ 『厚生労働省策定 日本人の食事摂取基準（2005年版）』第一出版編集部編，第一出版株式会社，2005年

［2］ 『厚生労働省 平成16年国民健康・栄養調査報告』健康・栄養情報研究会編，第一出版株式会社，2006年

［3］ 『五訂増補 日本食品標準成分表』文部科学省科学技術・学術審議会資源調査分科会編，国立印刷局，2005年

［4］ 『日本人の新身体計測基準値（JARD 2001）』栄養―評価と治療 Vol. 19，メディカルレビュー社，2002年

【福祉関係】

［5］ 「全国老人保健施設の特性から見た類型化に関する研究―地域的要因を含めた基礎的研究」盧志和・小滝一正・大原一興，日本建築学会計画系論文集 No. 567，pp. 15-21，2003年

［6］ 「介護老人保健施設の施設特性とその変容に関する研究―公的介護保険実施前後の比較・考察」盧志和・小滝一正・大原一興，日本建築学会計画系論文集 No. 575，pp. 21-28，2004年

【統計学関係】

[7]　『実践としての統計学』佐伯胖・松原望，東京大学出版会，2000 年

[8]　『メタ・アナリシス入門』丹後俊郎，朝倉書店，2002 年

● 以下 東京図書刊

[9]　『入門はじめての統計解析』石村貞夫，2006 年

[10]　『入門はじめての多変量解析』石村貞夫・石村光資郎，2007 年

[11]　『入門はじめての分散分析と多重比較』石村貞夫・石村光資郎，2008 年

[12]　『入門はじめての統計的推定と最尤法』石村貞夫・劉晨・石村光資郎，2010 年

[13]　『入門はじめての時系列分析』石村貞夫，石村友二郎，2012 年

[14]　『すぐわかる統計用語の基礎知識』石村貞夫・D. アレン・劉晨，2016 年

[15]　『すぐわかる統計処理の選び方』石村貞夫・石村光資郎，2010 年

[16]　『統計学の基礎のキ～分散と相関係数編』石村貞夫・石村光資郎，2012 年

[17]　『統計学の基礎のソ～正規分布と t 分布編』石村貞夫・石村友二郎，2012 年

[18]　『やさしく学ぶ統計学　Excel による統計解析』石村貞夫・劉晨・石村友二郎，2008 年

[19]　『SPSS でやさしく学ぶ多変量解析（第 5 版）』石村貞夫・石村友二郎，2015 年

[20]　『SPSS でやさしく学ぶ統計解析（第 6 版）』石村貞夫・石村友二郎，2017 年

[21]　『SPSS でやさしく学ぶアンケート処理（第 5 版）』石村友二郎・加藤千恵子・劉晨，2020 年

[22]　『SPSS によるアンケート調査のための統計処理』石村光資郎・石村貞夫，2018 年

[23]　『Excel でやさしく学ぶ統計解析 2019』石村貞夫・劉晨・石村友二郎，2019 年

[24]　『卒論・修論のためのアンケート調査と統計処理』石村光資郎・石村友二郎・石村貞夫，2017 年

[25]　『おしえて先生！　看護のための統計処理』石村友二郎・石村光資郎・鹿原幸恵・江藤千里，2018 年

索　引

英　字

ギリシャ文字

ア　行

カ　行

ナ　行

ハ　行

マ　行

ヤ 行

ラ 行

著者紹介

石村友二郎（いしむらゆうじろう）　2014年　早稲田大学大学院基幹理工学研究科数学応用数理学科博士課程単位取得退学
現　在　文京学院大学 教学IRセンター データ分析担当

廣田直子（ひろたなおこ）　1975年　奈良女子大学家政学部食物学科卒業
現　在　松本大学大学院教授
管理栄養士
（公益社団法人）長野県栄養士会副会長

石村貞夫（いしむらさだお）　1977年　早稲田大学大学院理工学研究科数学専攻修了
現　在　石村統計コンサルタント代表
理学博士・統計アナリスト

よくわかる統計学（とうけいがく） 介護福祉（かいごふくし）・栄養管理（えいようかんり）データ編（へん）［第3版］

2007年 4 月25日　第1版第1刷発行　Printed in Japan
2013年11月25日　第2版第1刷発行
2024年 8 月10日　第3版第2刷発行

著　者　石村友二郎
　　　　廣田直子
監　修　石村貞夫
発行所　東京図書株式会社

〒102-0072　東京都千代田区飯田橋 3-11-19
振替 00140-4-13803　電話 03-3288-9461
http://www.tokyo-tosho.co.jp/

ISBN 978-4-489-02340-8